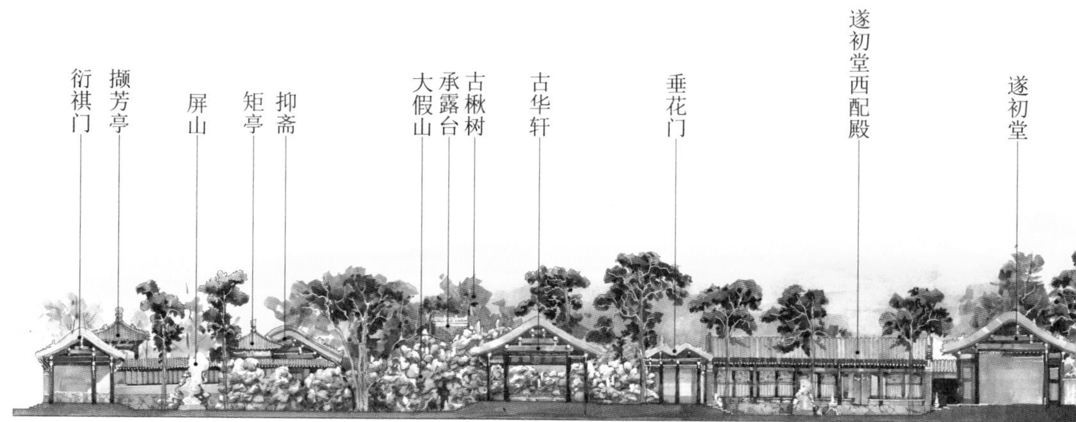

U0351939

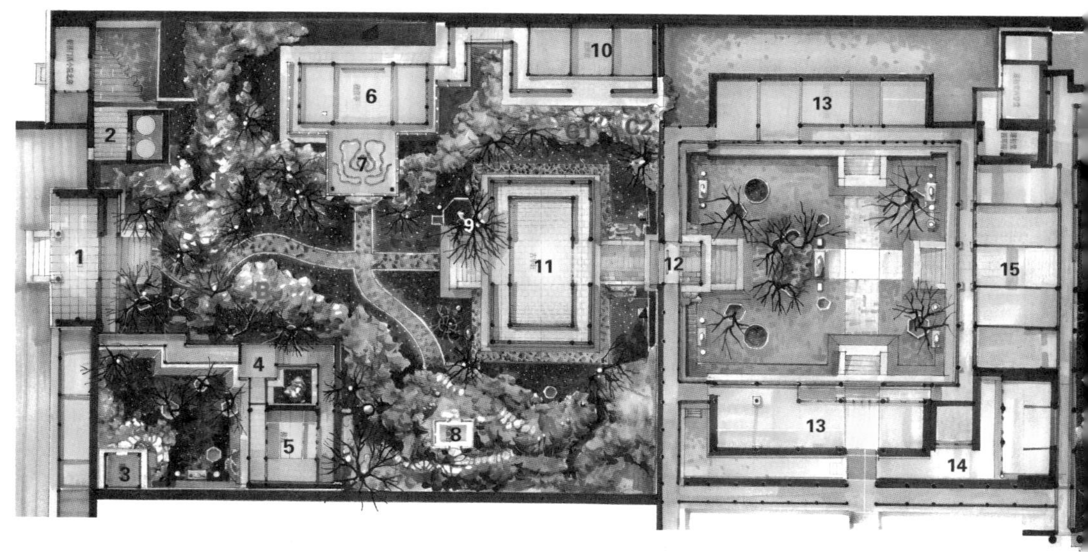

宁寿宫花园庭院建筑布局:

1. 衍祺门
2. 井亭（内储水缸,为曲水亭供水）
3. 撷芳亭
4. 矩亭
5. 抑斋
6. 禊赏亭
7. “风”字流杯渠
8. 承露台（大假山）
9. 古楸树
10. 旭辉亭
11. 古华轩
12. 垂花门
13. 遂初堂的东西配殿
14. 连接乐寿堂的小侧院
15. 遂初堂
16. 延
17. 三
18. 耸
19. 云
20. 萃

宁寿宫花园总鸟瞰图

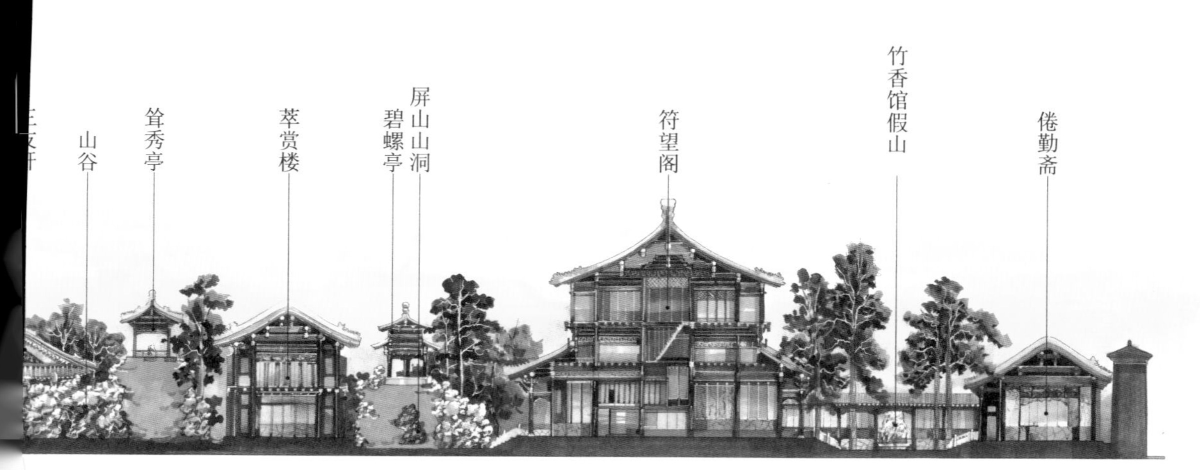

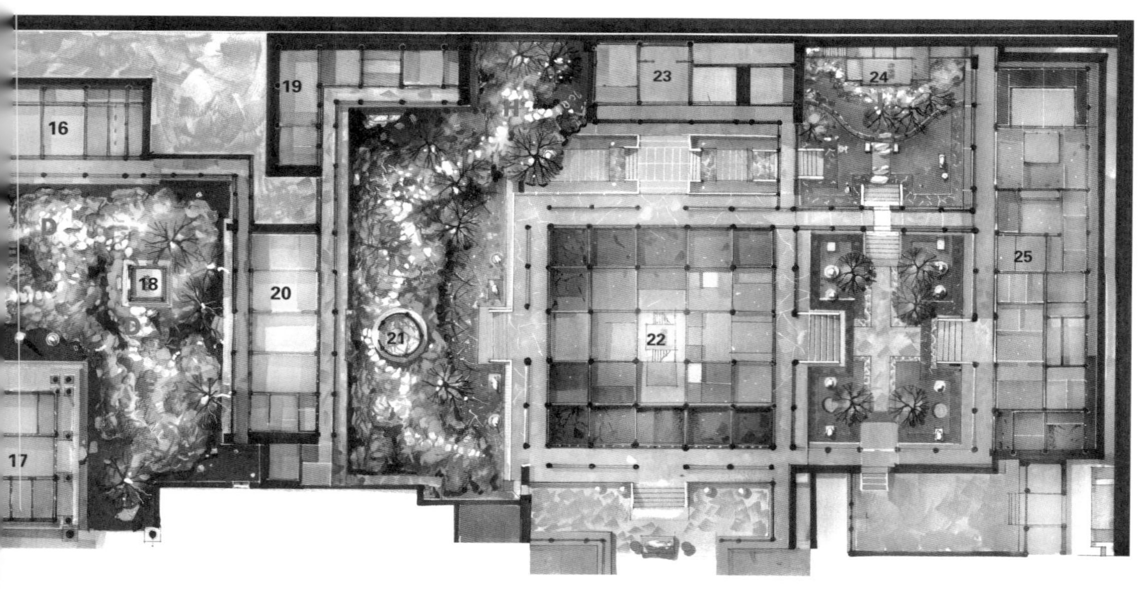

一、三、四院假山位置：

尺楼）

21. 碧螺亭
22. 符望阁
23. 玉粹轩
24. 竹香馆
25. 倦勤斋

A 大假山主山
B 主入口屏山“错中”
C1 假山余脉
C2 余脉穿宫墙处
D 第三院假山主山

E 山谷
F 余脉
G 屏山
H 余脉
I 竹香馆假山（上洞下台）

古园千秋

——故宫宁寿宫花园造园艺术与意象表现

王劲韬　著

科学出版社
北　京

内 容 简 介

故宫宁寿宫是中国皇家内廷园林最杰出的显例，自乾隆四十二年完成至今，除慈禧晚年在此小住并稍作调整，数百年来几乎原汁原味地保持了乾隆盛世造园时的所有经典手法与特色。同时，这也是一座深藏不露的花园，新中国成立后一直未对公众开放，作者在多年研究和现场写生基础上所作文字与图像资料，是半个多世纪以来对这座“中国皇家第一庭园”的第一次造园历史考据和景园意象表现。在大量测绘和现场写生基础上，作者用两年时间完成了宁寿宫花园前后四进院落及主要景观区域的所有鸟瞰、透视、剖面和节点表现。本书收录近两百幅手绘图，为宁寿宫花园造园艺术留下了完备的一手资料，并通过表现艺术与测绘技术的结合，全方位地提供了翔实的资料和高度艺术性与原真性兼备的建筑表现图，为进一步的研究打下基础。

本书对初学者和研究学者均有可读性，对于学习传统园林，特别是对于深入研究皇家园林，是极为翔实和极具价值的参考资料，适合古建园林专业学生、教师、设计人员，园林历史理论研究者及爱好者使用。

图书在版编目（CIP）数据

古园千秋：故宫宁寿宫花园造园艺术与意象表现 / 王劲韬著. —北京：科学出版社，2015.12

ISBN 978-7-03-046822-2

I. ①古… II. ①王… III. ①故宫-园林艺术-研究 IV. ①K928.74②TU986.1

中国版本图书馆CIP资料核字（2015）第303653号

责任编辑：梁广平 / 责任校对：郑金红
责任印制：肖　兴 / 封面设计：楠竹文化

联系电话：010-6486 7488
电子邮箱：liangguangping@mail.sciencep.com

科学出版社出版
北京东黄城根北街16号
邮政编码：100717
http://www.sciencep.com
北京利丰雅高长城印刷有限公司印刷
科学出版社发行　各地新华书店经销
*
2016年6月第　一　版　开本：787×1092　1/16
2016年6月第一次印刷　印张：17
字数：240 000
定价：148.00 元
（如有印装质量问题，我社负责调换）

古园新绘　中体西用

“研今必习古，无古不成今。”我是这一观点的极力推荐者。没有相传成统的历史文化积累就没有今天的风景园林学科。这是我们研究园林史的初衷和终极目标。园林史学者将中国园林划分为皇家园林、私家园林、园林寺庙、署衙园林和风景名胜区等类型。乾隆花园应为私家的皇家园林，其官称正名为宁寿宫花园，面积不恢宏却小而精，不仅在紫禁城五所御花园中独占鳌头，而且在园林史中占有重要的地位，成为学者与广大游人普遍向往的游览胜地。

中国园林的诗画创造空间、景以境出和“借景”要法均可由宁寿宫花园鲜活地体现。“诗言志，歌咏言”，乾隆在位之时便立下宏志，从政六十年退位，而且激流勇退，以行践言，所以全园都贯穿了这立意。从景意转化为景象是从精神到物质的飞跃，也是造景的门道。其用地纵长，西为高大、直且长的红色宫墙，东为大尺度的宫殿。《园冶·相地》有“似偏阔以铺云”句，北海静心斋为一例，此园纵长、静心斋扁阔，方向有异，理致则一。

此园以建筑为周边，以掇山为心，建屋向心，辅以各种置石，体现了置石和掇山是中国园林最灵活和最具体的手法。为减免用地狭长而分五进为院，景皆随遇而安，借宜造景。进衍祺门后石谷弯转而自然屏障了内景。第一进主景为适应当时为第四代的老楸树，因名“古华轩”。轩开敞四望，成景既可，得景更宜。轩中题咏将楸喻人，物我交融。东南小院的“抑斋”略点了一下激进中须有抑制的调济，间接地点了主题，所抑为“抑然志”。第二进才安置“遂初堂”，为欣遂当

初立志之心意。玉粹轩自是“宁为玉碎不为瓦全”之志，而“玉壶冰”才是追求的宁清境界。四进之“符望阁”，遂初则符望。最后一进轴线转向东西，百年后愿入月宫伴广寒，诗以外就是表达诗意的画境，由诗画境化为实景。

兴造园林是从诗画到实景，研究园林史则以重绘实景觅求画境。王劲韬君此作缘起清华规划院对此园三维测绘中的手绘图，王君有意补全出版。他有学美术绘画的基础，又进修建筑和园林假山，因此具有较好的基本功。画路是建筑画，再将水彩、渲染和钢笔画结合进去，可以说不拘泥于手段描绘园林的真意。

建筑画要求科学性强，要有比较准确的透视图效果。不同于西画之处在于，意居手先、诗蕴画中、严于章法之不谬、灵活地吸取“六法”之要素，以中为体，以西为用。在画面选择方面，宏观、中观、微观兼备，既表现布局之形势，又涵理微之心机，亭台楼阁、置石掇山、树木花草与石雕小品，无不尽他的心力去揣摩和绘写。以色彩处理而言，秉承“随类赋彩”之理法，却又辅以西画的光彩效果。同一景物从不同视角去绘写，既有平视，也有鸟瞰图和虫瞰图，加以精心测绘的总平面图和代表性的剖面图，令读者由画入景，由景入境。总鸟瞰图慢工细活，交待得清楚、周详；建筑准确挺括，苍松翠柏各有伸展和虬曲的真意，皮纹苍古，自然扭曲的纹理都尽心地描绘呈现。当今处于他这种年龄段的学者，能有这样的表现力，我认为是非常难得的，可喜、可贺。

有感于乾隆总结承德避暑山庄建设完成的书名《知过论》，本书不足和错误也在所难免，请广大读者不吝指正。

孟兆祯 2013

前　言

宁寿宫花园的设计与建造，或许就源于乾隆皇帝少年时代的一个梦。

在故宫作为明清两代皇宫的五百多年历史上，从1420年朱棣建成这座宫苑，直到1924年溥仪被撵出故宫，在所有居住于此的24位皇帝中，没有哪一位能像乾隆那样对故宫的布局和建筑样式作过如此之大的改动。他长达89年的人生大部分时间都在这座宫殿里度过。很少有一位皇子能如他这般幸运，从12岁起就能一直住在皇宫里，即便他的父亲还没有成为帝国的君主；也从没有另一位皇子大婚以后能留在宫中，并且一改先例，愣是在紫禁城西六所当中，生生划出两所之地，建成一处名为“乐善堂”的风水宝地作为“禁城王府”（后升格为“重华宫”）。这位“和硕宝亲王”是明清两代历史上唯一一位不用祖述“潜邸”便直入紫禁城的幸运儿，这便是乾隆、这位“宝亲王”真正的不同之处。除去每年逗留避暑山庄、圆明园以及出巡的时间，他一生中大致有半个世纪在故宫北面这大约30公顷的地方度过。当然，终其一生他也没有停止过对这座宫苑的改造，而且改造一次比一次精彩，一步步扩大开去，直至声势浩大。他即位才四年时，就迅速将儿时居住的西二所升格为重华宫，将头所改作戏台（漱芳斋），并拆除西四、五所，改建为建福宫及花园，加上南面的中正殿、雨花阁等新建，几乎是一下子改掉了故宫西北的整体格局。但这种“折腾”似乎并未就此结束，在完成了北京西郊、避暑山庄、蓟县盘山等处的大规模建设后，乾隆重新把目光聚焦到了他儿时生长的地方——他要重建东部新中轴，重建一个更好的建福宫花园——这便是我们今日所见宁寿宫花园，俗称“乾隆花园”。

对于今人而言，乾隆花园的珍贵之处不仅仅在于，建福宫花园不在了，乾隆花园成了唯一一座原汁原味的内廷禁

苑——如果不是因为溥仪出宫前夕，庄士敦等人举措失当，我们或许能同时保留下这两座内廷园林——更是在于，眼前这座“乾隆花园”设计更纯熟，手法更精巧，景色更幽绝。

乾隆一生造园无数，而且很多都出自他本人的创意，但唯有这一座是真正令他心仪不已、志得意满的。他常常自诩为华夏第一文人，非但如此，他无疑也是一位真正的造园家，一位“驱五丁之力，尽天下奇瑰”，使大地焕颜的巨匠。在这竭尽天下珍产、凝聚无数工匠才华的跨越半个世纪的造园实践中，论及技术之精、工巧之最、保养之善、包含历史信息之丰，揆华夏名园千计，无一可望宁寿宫花园之项背者。在我看来，与其说这是一座乾隆用以“倦勤”的养老花园，毋宁说是他用于圆梦的天堂花园——一座真正属于东方人理想与审美的家园。直到乾隆四十四年，经历了八年营造，无数次修改，他

↑ 故宫内廷花园及乾西五所清代中期布局

的造园梦想才算是划上了圆满的句号。

为宁寿宫花园造像，从具体细节的精细描绘，到全局布置、轴线研究、假山和植物的各种忠实再现，是一项烦琐细致而又极富意义的工作。由于庭园长期不对公开放，宁寿宫花园景观构造细节的图像资料极少，各类研究均重于文而弱于图，目前能找到的整体鸟瞰，仅有天津大学 1986 年版《清代内廷宫苑》中的一幅线描淡彩稿，对于想从各种角度去领略这座宫苑奇珍的人们来说，无异于杯水车薪。倘若想清晰地了解各个院落的具体布置、建筑风格、植物色彩，则更是难上加难。

2006 年，我在撰写博士论文期间，得到故宫专家的帮助，终于得以第一次走进这座花园，从头到尾细细品味花园一木一石。那时园中的许多建筑还未经大修，形貌就如同《清代内廷宫苑》书中的照片一般模样，古拙而沧桑，似乎更能体现这座内廷花园的历史感。当时研究关注较多的还是园子里的假山，留下了一大批速写和随笔，大多在博士论文中一并发表。其间，我的恩师孟兆祯先生针对假山形态及石性质感的表达为我做过好多讲解示范。那段日子白天在石头堆里爬来爬去，晚上就着照片边画边写。每隔一段时间，就把最新成果拿给孟老指点，获益颇多。我的叠山研究路上，每走一步几乎都凝聚了孟老夫妇的心血，如今想来，老人的殷殷之情仍历历在目。

能入得并了解宁寿宫花园，还因为清华大学的刘畅和胡洁两位良师益友。刘畅教授第一次带我进入，使我得以目睹大修前的宁寿宫花园；与胡洁教授的合作则是另一个机缘，那时我在北京林业大学任教，兼了清华规划院（今清华同衡规划院）宁寿宫花园测绘研究组古园林历史理论专家的职份，有了更多的时间和机会去仔仔细细地描绘这座花园。本书中的总平面、整体鸟瞰的表现工作，能够做到精确无误，均得益于这三年来大量的现场测绘工作。李加忠、梁斯佳这些当年的清华小伙们曾与我一同顶烈日、冒严寒，一路摸爬滚打，几乎是一寸一寸地把花园摸索了一遍。想来没有他们的陪伴、支持，我也不会有如此动力，一遍遍地画，一遍遍地改，最终汇聚成这本沉甸甸的画本。如今部分图纸和历史研究文字也同时被纳入清华团队的研究成果之中，实在是相互助益，令人欣慰。今后的建筑学人在研究中应用、引述本书中的画作与理论观点时，想必也当会对这次艰辛的现场研究工

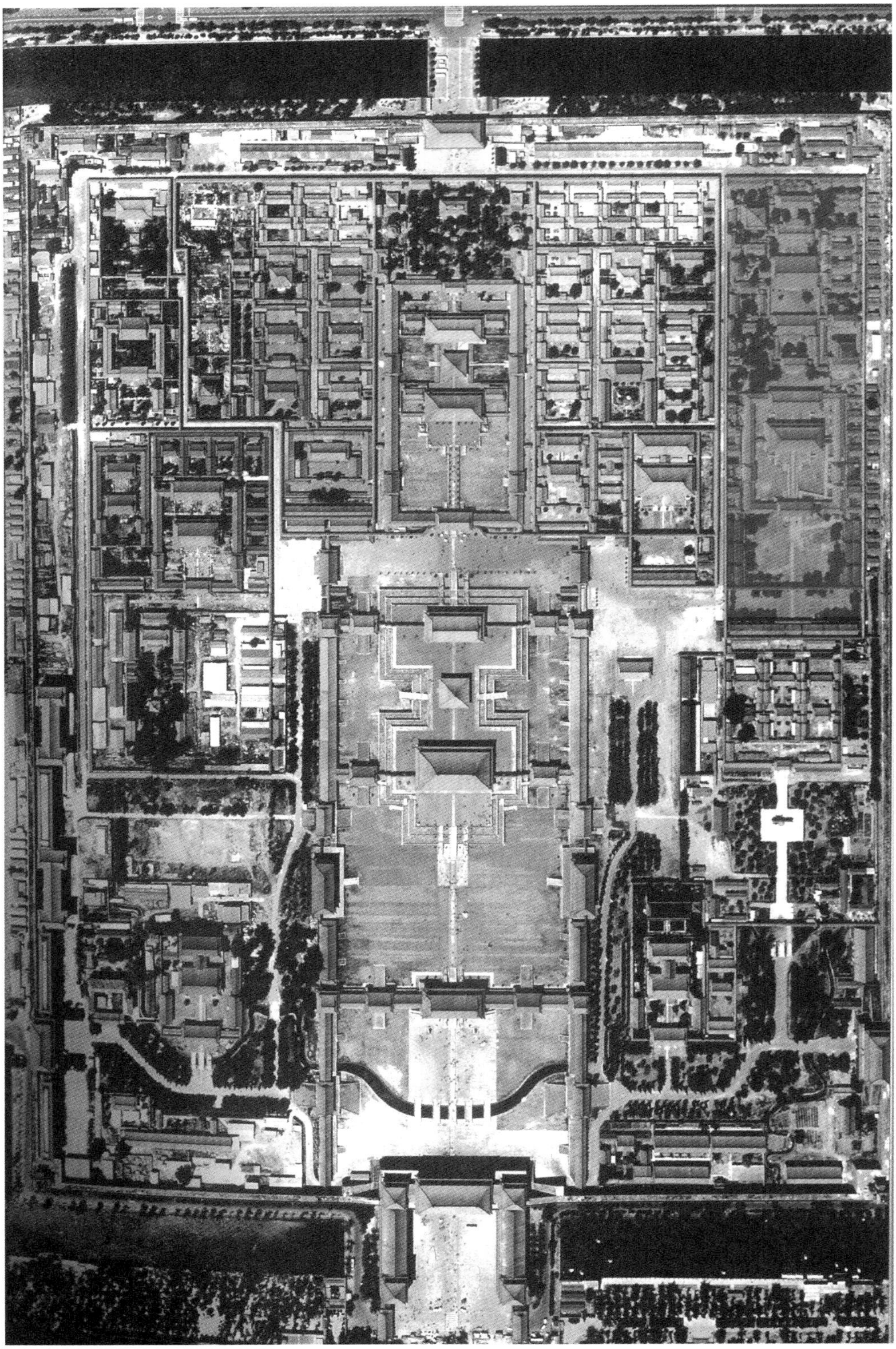

↑ 宁寿宫在故宫中的位置（外东路）

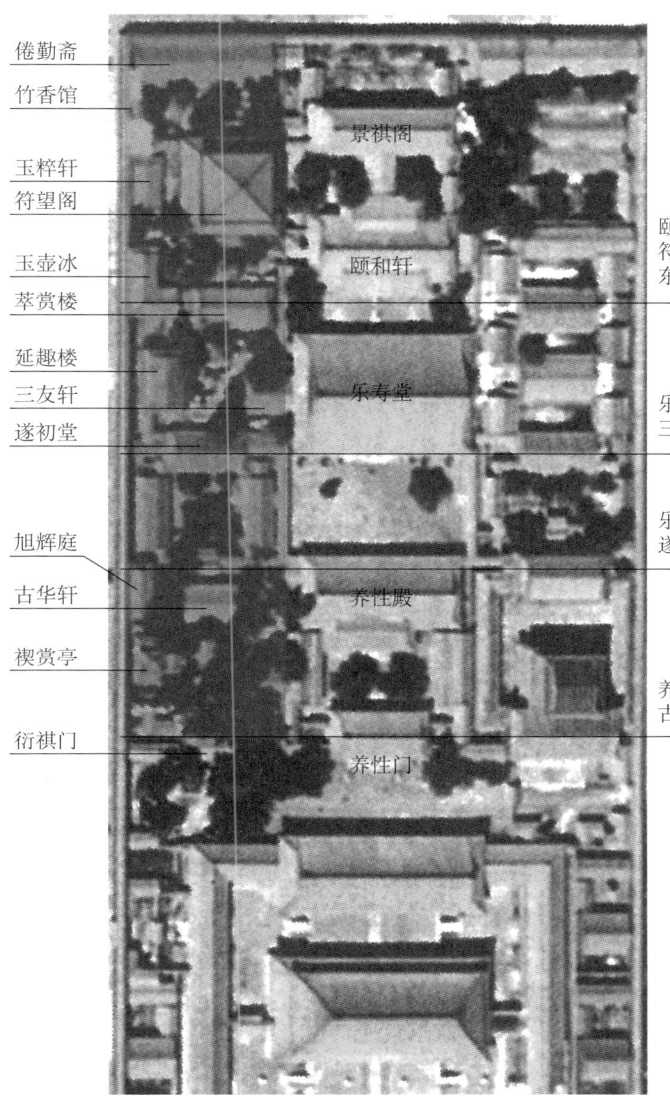

↑ 宁寿宫花园在宁寿宫中的位置（南北位置从养性门至景祺阁）

作心存感念。正是从这个意义上讲，我这三年用大量业余时间完成的画本和研究笔记已然超越了当初单纯的艺术、美学设想，继而成为我们关注、研究宁寿宫花园的一个新起点——从全新的、直观、通俗的视角，更具体地展现中国古代花园之美。

关于书中水彩画的表达原则，必须提及的是，它实际是从建筑制图的角度，借鉴水彩画的表现手法，进行的一次综合表达尝试。它以水彩画的形式出现，同时具有建筑绘图的严谨性。书中的所有细节，飞檐、基座、内檐、花木山石等，均没

有因表达效果之需，而作任何夸张变形。许多画作虽表现了强烈的光影质感，但基本配色依旧遵循了“随类赋彩”的原则。皇家内廷花园基本的明黄、紫、绿三色琉璃以及内檐彩画的色调，并不因环境光源的差异而作大的调整，在保持内廷园林特有环境氛围的同时，以追求材质的准确真实表达为目标。所以，它们更类似于建筑图而非纯艺术的风景画。

本书中近半数的作品经孟兆祯先生亲手指正，并予重新改过。孟先生于长达三年的成书过程中，曾三审其稿，每遇画作过度表现、偏离建筑本真之时，必责令改过。回想当时每次给孟先生送稿，孟夫人杨先生总是大加褒奖，但孟先生却总是频频摇头，不停指出需要改进之处。这本图集正是在孟、杨二老不断的鼓励和严责之中，得以走向成熟的。孟先生于《序》中称画作“秉承随类赋彩之理法，又辅以西画的光彩效果”，既是肯定、赞许，更体现出先生恢复弘扬中国传统园林理法和画法的一片苦心。先生的眼中分明还写着圆明园、清漪园、西山……，那么多的国粹园林、遗迹都等着有人去做恢复、研究，相比于这样的目标和期望，本书充其量也只能算是古建彩绘之路上的一个小小台阶罢了。

新篁旧竹，一路相扶；前路遥遥，虽苦犹甘。正因前辈的这份殷殷期待，我方敢后学而勇，且不揣鄙陋，将拙作公诸于世，以为后来者之便。同时书中的疏漏之处，也可以借此得到方家、读者的斧正。

王勤韬

2015年12月于西安建筑科技大学南苑

目录

绪　论

↑ 宁寿宫花园鸟瞰（由南往北）

宁寿宫花园建筑和假山被刻意设计成前低后高、前疏后密，以至于建筑虽多却能互不遮挡，层层展开；全园松柏蓊郁，怪石嶙峋，色彩上形成明确的深浅对比；建筑的屋盖形式极为丰富，歇山、卷棚、攒尖、八角等式，色彩上以黄、绿、翠、蓝、绛紫等色琉璃交替剪边，色差极为丰富，与花园一墙之隔的宁寿宫后部寝宫的屋顶却尽出明黄琉璃，无剪边，体现出宫殿与花园建筑的明显区别。

1 绪论：宁寿宫花园的造园艺术

宁寿宫花园又称乾隆花园，是乾隆皇帝为其禅位以后作为倦勤之所而专门预先建造的。从乾隆三十五年备料，至乾隆四十二年基本完竣，历时 7 年左右。其中许多院落，均经过一改再改，精益求精，而古华轩院落的抑斋、禊赏亭、古华轩等处更是推迟至乾隆四十四年才陆续完工。乾隆在花园第一院设计中，亲自参与，反复拆改，执意将这座四院花园中唯一一个保留了圣祖康熙时代宁寿宫花园特色的院落，改造成为同时具有康乾两朝风格、朴素与奢华并存的园中瑰宝。所以，宁寿宫花园充分反映了乾隆一朝皇家造园的基本思想和审美特点。在紫禁城四座主要花园中，宁寿宫花园是最灵活，又不完全遵循宫禁园林规整特色的范例，其修建时间最晚，修改最多，手法也最成熟。将乾隆初期，自建福宫花园修造以来的许多美好理想化为现实的乾隆园林典范。

1.1 关于宁寿宫花园的历史延续性

乾隆时代的宁寿宫花园是在康熙初创的宁寿宫旧址上改建而成，所谓“康熙创其端，乾隆竟其绪”。从学术界公认权威的乾隆二十六年《京城全图》上可以看到诸如宁寿门、宁寿宫、景福宫等后来乾隆宁寿宫花园一直沿用的宫殿名称，乾隆三十四年的《国朝宫史》延续了与《京城全图》完全一样的名称、布局。从乾隆三十六年开始，宁寿宫中路和西路

宁寿宫花园正式兴工，极大改变了康熙宁寿宫的原有布局。康熙宁寿宫南区变化较明确。按《国朝宫史》原康熙宁寿宫为正殿两重（榜曰：宁寿宫），其后景福宫正殿两重，景福宫西面即所谓康熙宁寿宫花园，宫、园面积相当，又北为皇子居所。前后布局改变大抵如下，按《国朝宫史续编》乾隆帝所云：康熙宁寿宫旧址新建重檐皇极殿，以备归政以后的“太上皇临御之所”；原“宁寿宫之榜”移到后殿，即今日之宁寿宫处；原景福宫拆除，仿照乾隆初期建福宫静怡轩之制度重建于宁寿宫东路轴线北端。

而现存乾隆宁寿宫花园的一、二进院落大抵为旧康熙宁寿宫小花园范围以内，根据乾隆二十六年《京城全图》，原宁寿宫花园东界墙位于宁寿宫中轴附近，其东墙范围大体对应于今日宁寿宫北区从养性门、养性殿直至乐寿堂前院中一带，故其花园东西范围大于今日之花园的 37 米宽度；而南北范围与今日花园一、二院南北距离相当，总面积仅仅略小于现存宁寿宫花园四院总和（约 6 万平方米）。从《京城全图》上看，康熙时代的这座“宫西花园”平面近乎方形，布局左右对称，是典型的早期清宫庭院样式，与乾隆时代的这座宁寿宫花园的平衡布局明显不同，保留的花园建筑为入口衍祺门，东区禊赏亭（改三面抱厦）和北区正房古华轩（将原三间扩为现今的五间敞轩样式）。

这种新旧宁寿宫花园的继承，自然不仅于名称和花园亭台曲水样式的延续，更及于在宁寿宫花园兴工之初，就定下的边拆旧边以“旧料抵对”的习惯做法，所谓“务将旧料抵对清初，新料始无靡费”，所以，今日之禊赏亭、古华轩等处，当或多或少保留了康熙时期的旧有构建，而今日禊赏亭内的流杯渠，应当就是我们在《京城全图》中所见之康熙时期乾隆小花园之流杯渠旧物。此外，据乾隆三十六年正月，福隆安等人的内务府奏折，花园拆建之初，就将“堆做山石”列为花园建设的第一步，原“宫西花园”北区的小假山

被大大延伸，成为今天东、西、南三面合抱古华轩院落的两路大假山。叠山用石除了大量“抵对旧料”外，另在西苑北海、瀛台等处拆运南太湖石，其中乾隆三十六年兴工之初，“拆换瀛台周围太湖石，补堆青白山石驳岸”；乾隆三十七年六月[①]，白塔西边旧有南太湖石，经宁寿宫拆运377块，其所拆分位补堆青山石等。宋金时期久盛不衰的“艮岳名石”由此转入宫禁之中。今天我们在古华轩大假山承露台，以及三、四院假山中所见点景名石，当是乾隆三十七年这次拆运的三百余块南太湖石中的一部分。

所以，至少从第一院古华轩的园林设计建造看，乾隆宁寿宫花园保留了康熙时期景福宫“宫西花园”的旧有特色，并打破了原花园的左右对称，空间结构严谨而单调的弊端，加入了乾隆后期园林设计的许多变化，而成为兼具康乾两代造园特色，疏密二体兼具、朴素与奢华并存的独特风格。这是我们今日深入研究宁寿宫花园必须清楚的一段历史前提。

就总体布局的历史延续性而言，宁寿宫花园第一院综合了康乾两朝的风格特色，在布局和建筑形制上有了较大丰富。其庭院空间布局更为自由灵动，加入了假山分割，屏山“错中”等多种乾隆时代特有形式，就建筑单体而言，形式也更为丰富，如康熙流杯亭的四角攒尖样式被极大丰富，成为重檐、三面抱厦，亭下设须弥座，四周白石栏杆，并在装饰上遍用竹纹雕刻，更好地诠释了《兰亭序》那种茂林修竹的魏晋风雅和曲水主题。

二院为全局过渡空间，别出心裁地在富丽堂皇的宫禁园林中引入一座典型的北京四合院，突出“遂初”主题的质朴，与万民同享长寿，乃至天宁民寿的主题。这是宁寿宫花园中最出人意料的、最富于乾隆特色的大雅大俗并存的一个空间，

---

① 乾隆三十七年六月初八日，总管内务府奏为成造北海琼岛看画廊约估银两折。乾隆三十七年二月初三日遵旨：……白塔西边旧有南太湖石，经宁寿宫拆运三百七十七块，其所拆分位补堆青山石，……所用黄太湖石、青山石，及丁铁、油灰杂料，并山子匠、扛夫工价、运价预算确估。随时查核，据实办理。

也是全局中最低潮平和的空间，为三、四院朱玉满眼的乾隆风格展示埋下伏笔。第三、四院是全局高潮，也乾隆叠山庭院“密体”风格的极致。其中，第四院空间布局仿建了建福宫花园，但在西南各侧院，及大小庭院空间联络和分割方面，表现出比建福宫花园更为成熟，手法更为丰富的特色，是在早期建福宫花园基础上的再创造。从这个意义上讲，乾隆宁寿宫花园与康熙时期、乾隆造期乃至明代仁寿殿以来，各宫禁花园在文化和物质空间营造方面的千丝万缕的联系，在凸显乾隆盛世造园统一风格的同时，这种早期风格的影子，始终忽隐忽现地存在于今日的宁寿宫花园之中。

1.2　宁寿宫花园设计手法、布局研究

作为整个紫禁城高度严整的建筑环境中的一环，宁寿宫花园的基本布局形式丝毫没有自由发展的可能性。花园两侧宫墙林立，相邻的殿宇体量极为庞大，严格的轴线对称布局，都对园林空间的营造极为不利，而造园者却能通建筑和叠山的巧妙配合，并在建筑和假山形态上极尽变化，有效地消弥了呆板单调的空间感受。由于宫禁造园场地限制，加之无天然水源，全园景观以叠石为主，运用了成熟的山形布局和山石造型技巧，在极为有限的空间内辗转腾挪，展现出丰富复杂的空间变化。其布局手法、堆叠技术以及空间营造手法都堪称中国皇家小庭院叠山的极则。

1.2.1　建筑的庭院

宁寿宫花园的建筑比例尤高，而且各院分布很不平衡，如符望阁庭院，几乎各个角落均有建筑与廊道围合成的庭院，一院之中，由于建筑繁多，足以再细分成四五个小院（符望阁、玉粹轩、竹香馆、倦勤斋和东部套院等）。宫禁园林中加入大量的建筑，有利于凸显皇家园林所必须展现的富丽庄重之美，乾隆后期的宁寿宫花园虽然整体自然意境有所增强，但这种皇家园林的根本性的审美原则并没有多大改变。同时，较大体量的花园建筑也是解决宫禁围挡，减弱周边大体量建筑的压迫感的主要方法。宁寿宫花园四进的主要建筑均是抵

宫墙而设，稍加错落，若遇建筑体量不足，则加设假山为基：一院的旭辉庭，撷芳亭，四院的竹香馆均是此例。从总体看，建筑分布西重于东，后重于前，除了完全对称的遂初堂院落以外，其余三院均符合这一规律。原因在于，宁寿宫花园西邻东筒子大宫墙，故只能以大体量建筑加以屏蔽，花园三四院西界基本为两层，单层建筑也多以假山增加气势；后重于前，从古华轩到遂初堂，到萃赏楼，直至符望阁，建筑由一层而二层，到三层（符望阁为暗三层），建筑体量逐渐加大，重要性和控制性也逐渐加强。

建筑与假山集合的形式也多种多样，上下结合者，如上台下洞如旭辉庭，螺亭；立体交错相通者，如大假山与萃赏楼、云光楼；山石围合者，如大假山与符望阁（弯月形，班围合），如三友轩（三面围合）；以山石为基者，如竹香馆等等不一而足。

建筑与叠山结合的庭院，务求动静结合，动静皆宜，宁寿宫花园在空间流线组织引导，布局变化中充分利用建筑廊道、围墙和假山路径、山洞的巧妙设计，引导功能布局和庭院空间变化。

静观者，涉及借景、框景乃至楹联、匾额之点题。如衍祺门入口假山，古华轩至垂花门，玉粹轩南院，竹香馆等，皆大量运用框景，适宜静观；如："春秋富佳日，松竹葆长年"；"动趣都涵澹，静机常觉宁"等（乾隆《题倦勤斋》二联）此中造景手法，一如李渔所述之"尺幅窗"、"无心画"，轩前花树，斋前竹影比比皆是，山根坡脚点幽篁一丛，古木二三，尤为如画。乾隆称之"俯瞰常似披图画，得契宛堪悦性灵"（乾隆《符望阁诗》）。

又，静观之中，运用虚实、内外、俯仰等视点变化，相互借取，相互映衬的造景手法运用尤其出色。虚实相生者，如倦勤斋西厢，屋内为郎世宁弟子王幼学所做通景画，圆光罩绘画，皆取松竹常茂（子孙兴旺），画中之景与屋外竹香馆假山松竹实景相互映衬，内外融合，虚实相生。三友轩内松竹梅圆光罩，与窗外实景松竹相映，将空间的分割、流动，景致的借、框、透、泄各种手法融于一炉，服务于造景需要。利用通景画、室内挂落等工艺内外结合，阐释景点，是宁寿

宫花园造园重要手法之一。

动观之例，则由廊、房、山径、蹬道、涧谷、洞壑的巧妙设计自然形成。其中对视距的控制（山径与山崖的距离，廊道的设置等），景观的层次（门、框、山石、花木的遮挡掩映、预设等）把握相当精到。尤其是三、四院的山径、洞隧、房廊的设计，既强化了层次变化，使空间越隔越丰富，境越隔月深邃，又沟通了全局的气脉，使景隔而不断。三院假山中，有亭台、洞隧穿插，从遂初堂檐下，可穿越山洞，可沿山径登顶，亦可沿房廊向东直入山谷的三友轩小院，登山可一览全院，穿洞隧、房廊则可曲径通幽，别有洞天，空间变化极为丰富。再如四院之建筑房廊与假山之配合，萃赏楼一面作壁山，压缩视距，使人仰视不见山顶，得壁立千仞之气势，从巅架以飞梁直入建筑之中，山径与建筑一线串起，气脉全通。游人或从巅飞渡，一览众山，或穿岩迳水，招云漏月，一院之中，变化万千，却无断裂生硬之弊。布局之起承转合全由路径设计和视距控制形成。

1.2.2 假山的庭院

宁寿宫花园是紫禁城诸花园中布局最为精心，变化最为丰富的庭院。花园地形狭长、平坦，既无景可借，又无水可引，在故宫的几个庭院花园中限制性最大，故造园者腾挪变幻也愈见苦心。全园造景全赖山景与建筑的配合与变化，因而大量叠石为山，通过假山的引导、错落和屏蔽形成开阔与幽深相间，平直与曲折交错的复杂，丰富的空间变化。

1.2.2.1 宫禁园林的山石围合与分割

宁寿宫花园由南向北共分为四重院落和抑斋、竹香馆等几个相对独立的小院。每重院落空间的开合简繁、空间形态、叠山样式和建筑的布局装饰都极尽变化。庭院的东、西两面以横向延展的叠山环抱建筑院落，形成相对闭合的内向型空间，既营造了山林意境，又屏蔽了宁寿宫的高大殿宇，起到了“嘉则收之，欲则屏之”的效果。第一重庭院以假山三面围合，形成面向主厅古华轩的“山包院”结构；第二重院落则外实内虚，景物简淡幽静，只用极少的置石点缀，为全局的低潮；第三重遂初堂院落风格大变，假山叠起，石洞幽深，

↑ 宁寿宫花园三、四院鸟瞰

表现了三、四院这两个庭院的假山与建筑庭院之间相互揖让、穿插的关系，以及宁寿宫花园与一墙之隔的东庭院乐寿堂、景祺阁等大型宫殿建筑的视觉联系。第三院假山满满当当，琳琅满目，如一院宝匣，只留下东南角的三友轩插入深山之中，空间稍稍变化；沿庭院边界的遂初堂、延趣楼屋顶用翠绿琉璃黄色剪边，形成深色边界；居中的三友轩、萃赏楼、云光楼，则用淡淡的明黄琉璃屋顶，犹如空间中的留白，与庭院假山形成用色和空间的简繁对比。

亭台耸秀，满目悬崖陡壁，人入其中如临深山大壑；第四院符望阁景区，则以一带石壁屏山分割空间，形成主厅面对峭壁，“仰视而不能穷其颠末”的深邃意境，咫尺之地的小院“抑斋”也以叠石为中心，以洞曲、回廊围合形成多重通道，在极有限范围内形成的丰富空间变幻，几乎达到穷极幽微的程度。

用横向堆叠的假山围合、分割庭院空间，并遮挡两侧宫墙，是宁寿宫花园叠山的主要布局手法，宁寿宫花园中共有三处采用类似手法。

古华轩小院假山自北而南布局，在庭院南端再弯转，形成东西相间又互有交错的两路山系，假山余脉蜿蜒逶迤至花园入口的衍祺门内，在布局上形成“山包院”的内向格局。小院假山用北太湖石横向堆叠，连绵委宛如云头起伏，形成冈阜连属峰峦掩映的多层次山系，加之假山坡脚老树虬曲，石根披露，林木蓊郁，极具自然清幽的意境。东侧假山由抑斋小院外侧开始，首先以次峰围合成相对封闭的山坳，将抑斋与古华轩正院分割开来，以山洞相连，视觉上却仍然通透，形成个儿不断地格局。东侧大假山由承露台处渐高并达到顶点，可于台上俯瞰全院，再北则转为次峰余脉，一直延伸至第二院遂初堂南墙之下，东侧假山在体量上略高于西侧，主峰突起，植物密闭，目的在于遮挡东侧的高大宫墙和墙外突兀的养性殿山墙。

西侧假山，与之相类似，由山屏转入余脉，直接插入禊赏亭下，形成石脉相连之格局，自亭向北，假山渐高，至旭辉庭下形成主峰，对西侧宫墙形成很好的屏蔽。

第三进萃赏楼院落是整个花园中最大的一处叠山。假山布局取密不透风之势，结体以丰富繁缛的形式和多变的空间意象为特征。由于空间极促狭，且两侧均是高大建筑，若四面做山形，必无任何延展回旋余地。假山因势利导，压缩西、北两面，使假山最高处紧临西北部高大的萃赏楼和延趣楼，而放开东南一角，做成连绵余脉甚至陂陀散点。形成楼与山比高，密处愈密，疏处更疏的强烈节奏对比，山体形态，层次也愈见丰富。山腹处以一道幽谷伸入其中，使拥塞的山腹得虚实相间之势，取“山拥而虚其腹”的传统手法。人行山道上下，只觉峰峦、沟谷的变化应接不暇，却毫无拥堵之感。假山西、北两面尽作石壁森然耸峙，与延趣、萃赏二楼比肩，东南则退缩至一角，形成山坳，内设“三友轩”一区。若由假山涧谷、山道折入，颇具曲径通幽之感。此山还是半喧半寂之山的典型。假山西北隅为全局高潮，岩崖森耸，“仰视不能穷其颠”，山顶更置耸秀亭，为全园轴线之转折点。东南则渐渐收缩形成余脉，散点等开法。山势由急到缓，气氛由喧到寂，空间也由旷入幽，变化节奏与庭院空间的变化极为合拍。上台下洞的巨大假山还与建筑充分结合，形成了丰富的交通联络和双层立体的空间结构。

萃赏楼庭院布局处处皆密实，唯“三友轩”一区作疏散状，由谷道折入三友轩院落，大有桃源溪口，别有洞天之感，空间气氛变化极为强烈。加之山谷内古树参天，张盖如幕，极尽亏蔽掩映之能事，有效地屏蔽了东区的乐寿堂等高大建筑。虽只“半亩营园”（此院面积仅300平方米左右），却有“咫尽山林”之势。

1.2.2.2　庭院整体轴线的“错中”

宁寿宫花园是少有的宫禁之中的非对称园林。（御花园、慈宁宫花园皆有明确轴线）从乾隆七年的建福宫开始，宫禁园林中开始出现自由、均衡的布局特征。

这类园林往往布局紧凑灵活，建筑组群之间辗转腾挪，大小相衬，形式极为丰富。如宁寿宫花园，大至符望，小至抑斋，无不遵循这种变化与均衡的原则。这种丰富变化的园林庭院组群成为严格的宫禁建筑中的例外，显得尤为难得。

宁寿宫花园有明确的中央轴线，但轴分前后，大体从一院古华轩经遂初堂至三院大假山、耸秀亭止，为前部中央轴线；从翠赏楼开始至碧螺亭、符望阁到倦勤（东5间）一线，中轴东移达4米。宁寿宫花园中轴虽在此错开达一间半之多，但此处林木蓊郁，山石嶙峋，使人浑然不知轴线之偏移，空间之转换。通过假山障蔽之法，使四院中轴整体东移，为西部云光楼、玉粹轩和竹香馆一线留下宝贵的外拓空间，由此，符望阁一院变作一主两次三院，院落之间通过廊道既分又连，建筑庭院的辗转腾挪，空间变化达到极致。

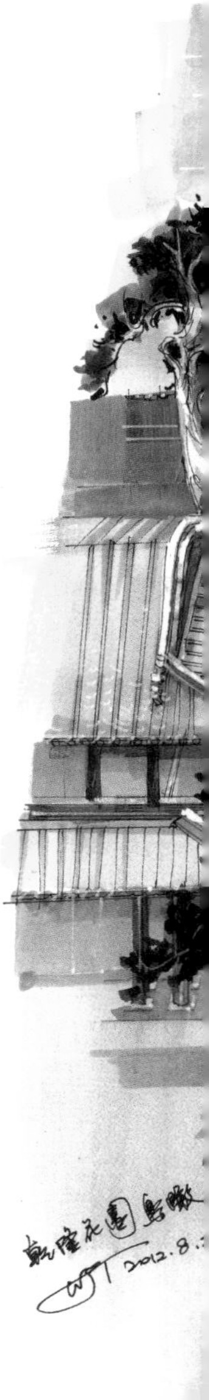

宁寿宫花园鸟瞰（由北往南）→

由北往南鸟瞰庭院可令建筑屋顶尽数展开，包括甬道、侧院和庭院连廊的相互关系皆可一一标示清晰，毫无遮挡。但庭院内部的叠山和栽植空间则大多为屋宇所掩，不能作为表现重点。从最北面的倦勤斋开始，经竹香馆、玉粹轩转入符望阁东西侧院，直至云光楼（曲尺楼）、萃赏楼、耸秀亭、三友轩，直至远处第一院的旭辉亭、禊赏亭、抑斋诸庭院，各式屋盖黄绿交替，大小十多个庭院建筑可一览无余，甚至小到空间中的一个石磴、一方花台、一处蹬道皆可自由展开，互不遮挡。近景处的古柏属大面积补空，故空间表达极为自由奔放，突出了这座近 600 岁的宫苑沧桑的历史感，东筒子及以西的宫殿屋顶出以淡彩，表现出禁城明黄色的殿宇之海，层层叠叠，颇有意犹未尽之感。园中的大树尽可能按原栽植点画出，未作人为增减，以求得表达这座历史名园真实的空间效果。

1.2.2.3　大假山起承转合的空间节奏

宁寿宫花园大假山犹如一首完整的交响乐章，四院的总体节奏为高（古华轩），低（遂初堂），高（萃赏楼），最高（符望阁），尾声（倦勤斋）。一院之中也有明确的起承转合，空间过渡。

第一进院落以屏山当门，两山相错，取“曲径通幽”之意，起到了障景作用。入门道路分作两支，一路由入口门廊向东可直达抑斋小院，一路沿假山山脚蹬道而上可达承露台，一园景色，可尽收眼底。下承露台，折入两山之间的夹道，即至古华轩前。沿东侧假山蹬道而下则可达古华轩后的陂陀一区，竹林幽深，景色骤变。入口道路的设置灵活多变，充满奇趣。从衍祺门入口为抑（假山屏）入径则扬，至古华轩达高潮，进遂初堂则低缓，为三院高潮留下伏笔。

三、四院实质是两山夹一楼（萃赏），一院玲珑，犹如金玉满眼之宝盒（西方建筑中巴黎歌剧院差强可比），为全局最高潮。不仅仅华丽繁缛的建筑遮蔽了呆板的宫墙，而且在一院庭廊山石中突显出符望阁的高大宏尚，山楼相对，壁立千仞，又近在咫尺，建筑之宏阔及衬出假山之玲珑，洞隧之幽深，古木修篁，更富林岚野趣。整体节奏上一喧一寂，起承转合神气完足，变幻无穷。空间上将中国园林的分割、曲折手法运用到极致。景，越隔越深；境，越隔越大。

四院南北二区多以山石，建筑馆舍廊庑分割，仍是一静一喧，围绕符望阁主体而布局，由阁前大假山、山楼对峙形成高潮，次峰婉转至玉粹轩、竹香馆，各以轩、廊分割玲珑，形成多处转折和静僻之所，合于倦勤斋前，方法与三院类似，此不赘述。

倦勤斋一区，纯粹由廊、馆围成，制式源自建福宫敬胜斋，碧琳馆之制，小院竹柏幽深，得飘渺蓬壶之趣。倦勤共五间有符望阁主体对齐，又恢复至内廷禁苑的严整，似为全局之尾声。然仅一廊之外，仰见景祺阁一角，转角隔桂落、泄霞山石一区（登峰），似别有佳趣，此中有余音绕梁不去之趣。

一院之中，也有明确的节奏。

第一院，门掩无华，入口见山。既为屏俗，又将内景深藏不露，只在山石之巅“泄”出禊赏楼一角，古楸一枝，可以互通消息。转过山径则眼前豁然，东山西亭互为映衬，形成一院高潮，入古华轩以一系列对景，将视线引入静观，框中有门，门内有佳句（长楸古柏……），入门有屏，屏开见山石，石前有小径，径外别有一区，层层递进转入静中观（遂初堂庭院）。遂初堂一区纯以静观（屏山镜水皆真·萝月松风合静观）为中规中矩之北方四合院，似为低潮，也为后三院高潮积蓄能量。

第三院，穿堂而过，直入洞邃，蜿蜒前行，仿佛若有光，似桃源之趣，转过山谷则豁然开朗，千岩万壑（谷涧），山势雄浑，亭台耸秀，形成全局最高潮。假山山径设计恰如计成所谓：“蹊径盘且长，峰峦秀而古，多方胜景，咫尺山林”之意味。由山径而下，可直达萃赏楼前，此处位于假山阴面，巨大的山崖与玉宇琼楼相对，仅一线相隔，四处古柏参天，长松筛月，浓荫蔽日，与假山南面竹木葱郁，山石峥嵘的空间氛围相比，萃赏楼前显得异常寂静，将三院假山一喧一寂的空间特色对比到极致。

第三院空间的起承转合。由建筑廊下观山，则壁立千仞。将李渔以近求高，山皆作壁之法用到极致，使主客仰视不能穷其巅末，其石有万丈悬崖之势（李渔语），为最险要处。（起）入山则见山林布局之蜿转，迂回盘曲，山腰平台可驻可望，山顶设亭以增山势，中隔幽谷，深不见底。谷侧设次峰，攒三聚五，如黄公望之矾头点皴，以其轻巧衬托主峰之雄浑、厚重。主峰崖壁叠山一色横云，繁密之体更突出假山之厚重、博大。（转）山入东南则无处可退，则随游廊蜿转形成余脉，庞体三友轩一区，加之古柏参天，上则峰峦耸秀，下则绿荫匝地（古柏），形成全院最为隐蔽的一区，似为全盘之合处。

1.2.2.4　用假山和建筑引导空间，调节空间轴线

宁寿宫花园叠山以手法丰富，灵活多变取胜。庭院空间的道路安排也极为曲折迂回，以求步移景异之效。最突出的交通联络手法是以建筑廊道和山径、沟谷，洞邃，飞梁等一系列假山路径结合，创造出平直与曲折交替，开阔与幽深相

间，上下交错，变化多端的交通联系形式。这种处理方式不仅极大地延长了游览线路，扩展了庭院空间，也使小庭院假山的山林意境通过复杂的峰谷山道等形式更好地展示出来，避免使假山过于平直而一览无余。全园由入口衍祺门到第四进的符望阁，游览路径全部围绕叠山展开，但每个院落的连通方式各有特色，绝少雷同。

第一进院落以屏山当门，两山相错，取“曲径通幽”之意，起到了障景作用。入门道路分作两支，一路由入口门廊向东可直达抑斋小院，一路沿假山山脚蹬道而上可达承露台，一园景色，可尽收眼底。下承露台，折入两山之间的夹道，即至古华轩前。沿东侧假山蹬道而下则可达古华轩后的陂陀一区，竹林幽深，景色骤变。入口道路的设置灵活多变，充满奇趣。第三、四进院落同时设置了建筑廊道、蹬道、山径、峡谷和洞窟等多重立体交通联络。在半亩大小的院落中，运用复杂的叠山路径设置，形成上下左右迂回宛转，处处可通，处处有景的格局，使庭院内部空间感觉深远莫测，变幻莫测。从感觉上扩展了游览空间，也大大增强了假山的丰富性和趣味性。

萃赏楼前后假山均有洞隧联通，用峡谷、山径、山洞组合连属，形成上下交错的立体通道。山洞前通遂初堂后接萃赏楼，前喧后寂。“一出一入，一荣一凋，徘徊四顾，若在重山大壑，深岩幽谷之底。”假山洞内变化尤多，利用不同形式的孔洞，形成忽明忽暗的洞内采光。人行洞内，又可籍以外望。“招云漏月”，“罅堪窥管中之豹”等理论，在此叠山中运用极为成熟。

假山路径的巧妙设置不仅极大丰富了游览路线，也是加强庭院空间对比，渲染空间表情的重要手段。宁寿宫三、四进院落假山的路径设计就充分考虑了路径设置与空间转换的关系。进入假山，依山崖、穿峡谷，则见崖壁森峙而上；登山顶，凌空架飞虹小桥，人行其上，得其险；沿廊下绕山而行，身边危崖拔地峥嵘，如临大壑深渊之底，得其幽；折入洞穴，则迂回宛转，似塞又通，如穿岩径水，则有招云漏月之感；沿蹬道上下，则山路崎岖，满园景色，尽收眼底。选择不同的路径，所得到的空间感觉也大不一样。

1.3 宁寿宫花园的人文气息

宁寿宫花园作为乾隆预设的老年倦勤之所，其园林景观的精雕细凿，多出神妙之笔。不仅在造园技艺上达到了清代皇家造园前所未有的高峰，成为内庭四园中风格最成熟，手法最活的精品，而且，这座建于乾隆盛世的花园，在思想性、艺术性方面体现出的浓厚的文人情趣和仕隐两兼的超然思想也是以往皇家园林中极为少见的。为此，宁寿宫花园亦堪称内庭禁园中的文人园。其景名用典之广泛，命意之深刻，表现出比江南私家园林更为广博深邃的艺术感染力。乾隆以包容天下的胸襟，和超然物外的心境，刻意模拟一个汉文人小宇宙。他将平生的志向、归隐的理想、对天下的祈愿及其对艺术、佛教的浓厚兴趣，以古今同物、用典题铭的方式立体地展现于后人，多侧面地反映出既雄才大略又超然物外的汉族文人领袖形象。就思想深处而言，所有这一切造园点景之笔，均源自乾隆深厚的儒家修养和汉文化功底。实质是，以造园的方式，再次提示其“内圣外王”的品格和“礼乐中和”的儒家治平理想的践行。而乾隆造园正是在这一“礼乐复合”的过程中被推至历史高峰。

乾隆的归隐思想从古华轩的曲水亭一景的构思意匠就见得分外鲜明——在朱门魏阙的宫禁营造出十足的林泉幽趣，反映其对东晋士大夫生活方式的向往追慕，乃至宋明以来的士大夫情趣的认同，最后达到对儒家“内圣外王”理想的标榜与追求。这种变魏阙为林壑，使居平地的尝试（一、三、四院）多少与其大隐于朝的思想立足点有关。大量的山林环境、人工山岩、岩居、仙台等设置实是对其帝王之隐的回应与观照，与遂初、符望、倦勤等景名设置异曲同工。

↑ 由旭辉庭台明之上俯瞰古华轩

轩廊下的空间相对独立，庭院东西两侧为假山围合，尤其是画面近景的假山余脉似乎欲穿宫墙而过，直入第二院，自然意象尤为独特。假山左右均栽植数点苍翠古柏，形成左右夹峙，透出台明前一方“天窗”，正好可以俯瞰古华轩后院：院中工字形台阶贯穿前后，台阶两侧湖石叠成宝坎，踏步为传统的“涩浪”形，其山石造型之精，他处难有与之相酹者。国内诸园，如苏州留园“五峰仙馆”前有此“涩浪”案例，但叠石的技术细节若与此例相比，文野巧拙则相去甚远。南墙前后的台基之下有工艺绝佳的虎皮石墙，地坪花街装饰，今花街铺地稍有损毁，但彩色云石墙基完好无损，其冰裂纹工艺亦堪称故宫花园中之翘楚。

古华轩

旭辉庭
古华轩
承露台
禊赏亭
抑斋
矩亭
撷芳亭
衍祺门
衍祺门西小院北房

第一院——古华轩

2.1　综述：古华轩院落的空间特色

古华轩院落是四院当中唯一一个与早期宁寿宫小花园相联系，并在其基础上多次改建而成的（早期特征见《乾隆京城全图》）。其园林命意，古华（“以素为华”，“以不花为花”）、禊赏（坐石临流，禊赏怀古）、抑斋（恭谨抑然，谨慎治国）、衍祺（寿考维祺，延及天下），委婉地表达了年届六旬的中年乾隆追慕前贤、标榜尧舜的治平之志，和古华之年潜心修身、流连山水的倦勤之志，凸显出立志“大隐于朝”、内圣外王的君王形象。古华轩一院的景观立意最全面地反映了乾隆治政为君思想和推己及人、惠及万民的美好愿望。

乾隆三十六年至四十二年改建的主要特点是，朴素中见华彩，低调中见奢华，即乾隆所云“以不华为华”的造园思想。园中的假山、古华轩的下架装修、楠木原木色天花，以及承露台下的碎瓦龛窗等，处处出人意料，但处处都体现出乾隆圣朝那种特有的掌上观文的成熟与气度。

山景与建筑的灵活变化，通过大体量的叠山屏蔽宫墙分割空间，通过假山的引导、错落和屏蔽，形成开阔与幽深相间、平直与曲折交错的复杂，丰富的空间变化。

平面布局和建筑体量的巧妙构思。古华轩平面遵循灵活多变的均衡布局样式，大体量的禊赏亭、古华轩和小巧的抑斋，垂花门处处形成对比，建筑与假山组合方面，东侧以高大的自然山景为主，插入小体量的抑斋、承露台，西侧则以余脉错石

衬托大体量的禊赏亭、旭辉庭等建筑，形成东西两面自然与人工的对比变化。而所有的建筑与假山又都以古华轩敞轩为中心，环绕布局，形成明确的主次和向心性，让古轩、古树成为全院布局的枢纽。四组主要建筑均以假山形成对景和联系，建筑样式虽多，却丝毫不显凌乱。

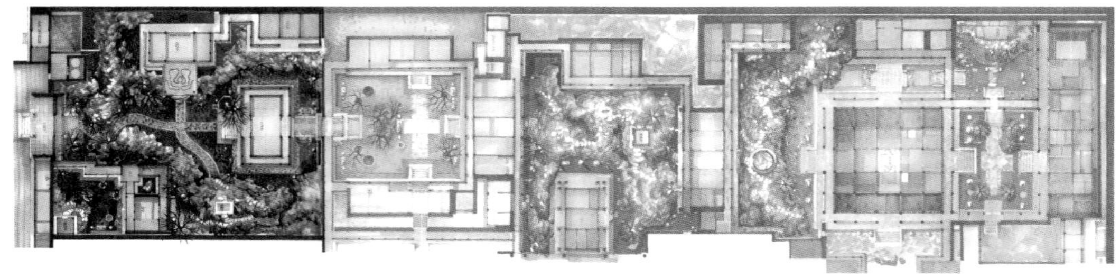

↑ 从承露台俯瞰全院

古华轩庭院的大假山高出宫墙之上，主峰仙台为全院最高处，登台俯瞰，四处皆景，东侧可越过高大的宫墙俯视宁寿宫，西望则古华轩一院亭廊尽在眼底，仙台之上视线亦可直入禊赏亭内，是从高处欣赏流杯石渠的最佳视点。假山蹬道被设计成四通八达，山径逶迤转折之际，尽出峡谷石壁，悬岩森耸之处，多有巡山杖护持（今多不存）。大假山由此仙台顺势向南，曲折下行，转为山屏，向东深入禊赏亭之后，直达旭辉庭下，形成第一庭院完整的山包院结构。

↓ 古华轩总体鸟瞰

着重表现了一院假山的走势。庭院入口分别表现了衍祺门内正面的“屏山”小院、左手的井亭以及右手（东南侧）的抑斋小院三个独立空间，三者皆以假山分割，又以建筑廊道连络，在仅30余米的狭窄开间中，竟连续划分出三个相对独立的小庭院，沿山屏而行，处处别有洞天，处处自成一体。入屏山则空间开阔，建筑四望，空间疏密对比强烈。

↑ 从大假山鸟瞰全院

重点表现假山近景山石细节与云石冰裂纹铺装甬路。近处山石嶙峋的石质是画面表现的重点，远景则多以亮丽的琉璃屋顶与深色的古松相对比，突出花园的浓荫密布的幽深感。

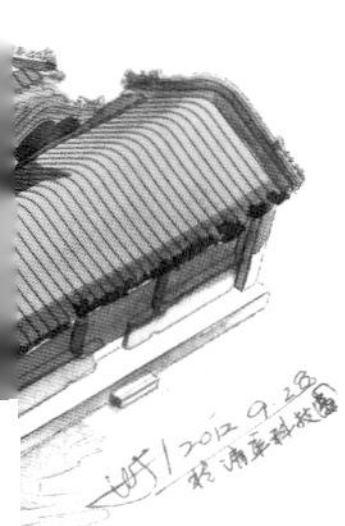

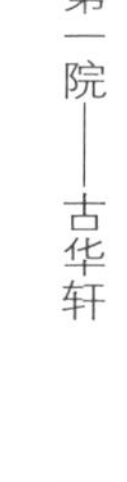

↑ 古华轩院落总体鸟瞰

从此角度俯瞰一院假山，走势最为明确。观看视点是从抑斋小院的撷芳亭屋顶上俯视全院。此处也是整个宁寿宫花园古树最为茂密之处，位于树下的假山实际上几乎全为古树遮掩，本图采用留树干、去树冠的方式，既忠实反映了花园的假山布局，又能做到疏密变化，尤其在近景处突出了不为人所觉察的通往抑斋的小假山院，假山石壁上的采光孔、石制格栅、山间甬路都在这一显著位置得以充分展现。

↓ 古华轩院落南立面

该剖面最写实地反映出古华轩一院的景观特征：一山（大假山）、一轩（古华轩）、一古树（古楸树）；一亭（禊赏亭）、一廊（旭辉庭下）、一侧院（抑斋）。以假山为前景，突出屏山的错中布置，从峰石间看到古华轩一角，而将假山主峰、仙台及体量极大的古松退到抑斋小院后，形成第二层次的背景；西侧的禊赏亭和东侧稍小的矩亭犹如空间中的两个对称砝码，映在古华轩的巨大的黄屋盖之前，画面中间把大面积虚空留给一院点题之景——楸树，巨大的古楸，横亘600年，老干生春，枝繁叶茂，表达了全院的空间主题——“古楸生春”。

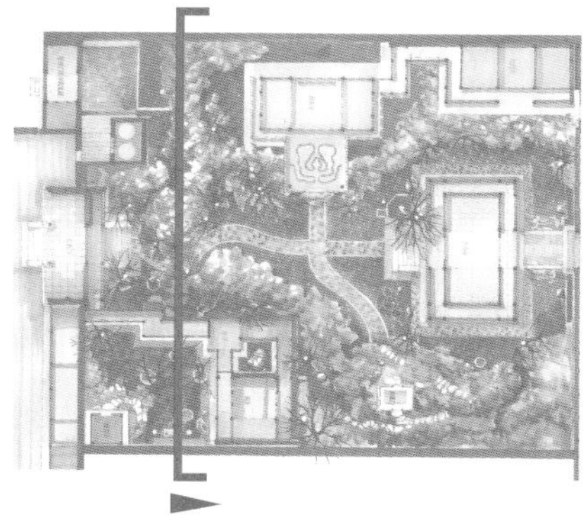

古华轩院落西立面 →

以浅色假山与绛红色的宫墙和建筑相映衬，形成前后两层空间，从衍祺门入院，转屏山入主庭院，西墙之下的禊赏亭、连廊、旭辉庭直至垂花门层层展开。建筑空间序列中，序曲、高潮、尾声的变化节奏鲜明，假山布局亦遵循这种变化，由入口高大的屏山转入井亭附近的余脉，直至禊赏亭前的山脚、石脉隐入土中，至旭辉庭下假山又起，延绵北上直至北宫墙下，最后以一巨大山洞结束。空间变化多样，形成一条别样的庭院“天际线”，出于画面表现效果，在完全遵循古树现状体量的同时，刻意强化了古柏的树冠姿态和投在红色宫墙上的阴影形态的变化。

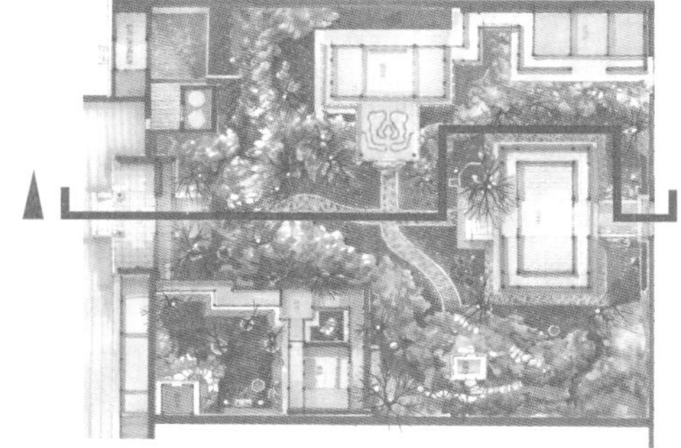

2.2 衍祺门

宁寿宫大门名“衍祺”，建成于乾隆三十七年，是宁寿宫花园中最早建成的一批建筑，沿用了康熙宫西花园旧名，位置稍稍西移，风格由康熙时代典型的篱笆门墙改作一色宫墙样式（篱笆门墙形式在畅春园中最为普遍，体现了康熙造园的朴素风格）。大门朝南面阔三间，周围设一带值房与东侧的养性门一区相区分。衍祺门前庭门外另设小假山对景，隔开南墙外的宁寿宫正殿区与古华轩入口区，形成一道由宫殿区向园林区转换的国都空间，小庭院中遍植松柏、槐树，形成林木蓊郁，与东侧养性门前鎏金铜狮和大尺度的台基的金碧辉煌形成截然不同的环境氛围，前者富丽恢弘，后者小巧雅致。

衍祺门命意语出《诗经・行苇》中的“寿考维祺，以介景福”，此处衍祺门，与宁寿宫北区的景福宫题名，皆出此典。寿考，高寿，考通老；维者，通“惟”，祝愿，期许；祺，吉祥。寿考维祺，指出长寿的意义在于吉祥。“衍”通延，延年益寿之意，“衍祺”即延长寿命，期许吉祥之义，点出了宁寿宫的长寿主题。

衍祺门入口即为一道湖石堆叠的屏山障景，遮挡住院内的景色，将前院分成封闭的入口和豁然开朗的正院两部分。由衍祺门入院，迎面便是一带俊秀迤逦的假山峭壁当门而立，宛如一带屏风挡住游人入园的视线，形成开门见山格局。这一带屏山既起到了屏蔽视线的作用，同时也分割了空间，避免花园中的景物一览无余。观者只能在山崖缝隙之间，隐约窥见禊赏亭和东侧矩亭的一角，山顶林木枝桠间，泄露出禊赏亭的鎏金宝顶，园中景物隔而不断，露而不显，景越藏越深，境越掩越大，正合所谓“门内有径，径欲曲，径转有屏，屏越小”的手法。这种处理方法更使人产生一种好奇神秘之感，急欲前往一探究竟，极大增加了空间的趣味性。

此障景屏山采用两山峦头相互交错而立的形式，前后山石映衬，中间设小路相贯通，两山交错之处偏离中轴，观者无法直视院内，只有通过山间的冰裂纹小路，才可蜿蜒进入园中，行进之处，轴线不断偏转，视线不断更新，园中景物得以一一展开，所谓曲径通幽、步移景异在此得到了最好的展现和诠释。此为，通过横向叠山分割庭院，形成多层次隔而不断，又相对独立的小空间，往往能在极为局促的空间内塑造出变化丰富的空间形态。屏山作为观赏的界面和庭院空间的视觉中心，既是障景又是对景，对空间的塑造有举足轻重的作用。

以近求高，屏山高达四米，主峰与衍祺门之间距离也仅仅四米左右，由于视距控制较短，视线极度上扬，形成了小院大山，以近求高的视觉感受，加之满眼古树苍翠，在园林入口处便将山林意境充分渲染出来。

此山的另一特色是“错中”，运用“错中”手法，调整建筑院落的轴线，避免了宫禁园林由于建筑轴线对称带来的生硬呆板。入口衍祺门本与古华轩、垂花门都位于同一南北轴线之上，在满足建筑院落严整规则的布局要求下，未免单调呆板，由于两区之间增设了这一道屏山，观者的视线无法畅达两区，视线反而是通过两山之间的曲径逐步展开，浑然不觉这种两区建筑之间的对称关系。这种委婉曲折的表达形式，极好地软化了宫禁庭院的生硬，为各分区景观的营造与分割，和整体山林环境的营造奠定基础。三院假山也有类似的假山遮挡，错开建筑轴线的做法。三院南北两区建筑中轴相互错开达四米之多，但由于分割两区的假山体量巨大，游人置身其中，完全感受不到这种轴线的变化与交错。假山“错中”手法是乾隆时期皇家造园叠山的常用形式，北海快雪堂、碧云寺水泉院等处亦有其范本。

衍祺门入口 →

宁寿宫花园主入口最直接的印象莫过于开门见山——花园的入口几乎被精美的湖石假山填得满满当当，只在山石之上留下金色的亭廊一角和深沉的古松数枝——古代的造园家几乎在方寸之间辗转腾挪出一个极为精美的框景，创造出一处极为浓郁的山林，门内空间的造型布局意趣十足，恰如皇家玉玺所用之九叠篆文，密中求趣，使人顿生一探究竟的冲动。门内仅余一条小径沿屏山蜿蜒，引人入内，其布局极类似于原拙政园中部的入口样式。曹雪芹于《红楼梦》第十七回，通过贾政之口说出了这种奇石当庭、门内见山的布局之妙——欲扬先抑，涉门成趣也。画面近景衍祺门重点表现了繁复的天花平棊，色彩沉郁华美，其天花木构，内檐粘修均保持了大修前古拙斑驳的意象。

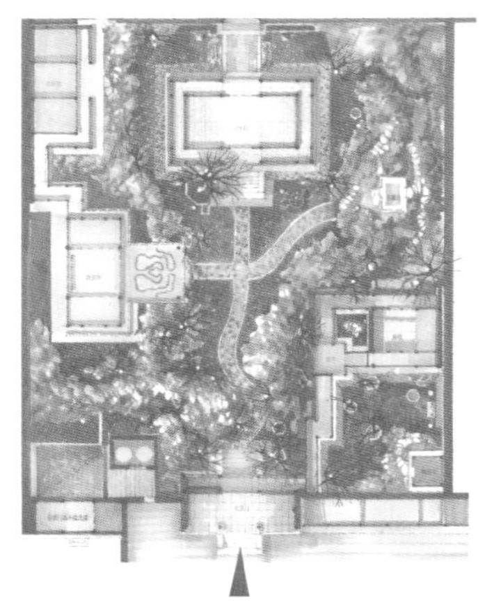

←↓ 衍祺门入口

宁寿宫花园入口地偏一隅，建筑规制亦低矮，不事张扬，其简素的外表几乎使所有路过的游客都难以觉察出花园的存在——这种有意为之的低调，应和了乾隆"倦勤"的初衷——古柏掩映的入口仅余一廊、一阶、二铜缸，元素极简，重在大的光影意象，装饰细节一概略去。

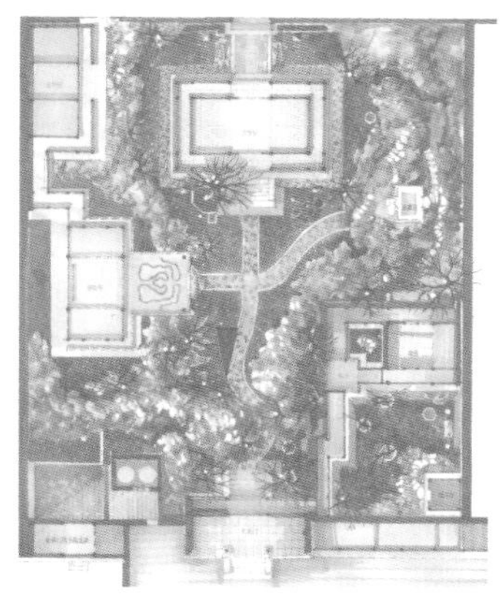

由第一院由内向外看衍祺门（假山框景）↓

衍祺门内景（假山框景）

WJT 2013.3

2.3　抑斋

额名同重华宫[①]西厢（乾隆书房），沿革乾西二所中院的西厢样式。

抑斋之名出自《诗经．大雅．假乐》："威仪抑抑，德音秩秩"——谦谨也！乾隆在长春仙馆《抑斋记》中称，"颜书室曰抑斋，与重华宫西厢同，即往后，凡园亭行馆有静息观书者，皆以抑斋为额。"乾隆辟抑斋为书屋，以示为君谨慎之道。乾隆《题抑斋》；"只有抑然志 庶几为武公[②]"，表示欲循卫武公之志，宵衣旰食，谨慎治国。抑然，克别，恭谨。乾隆认为，以一人之力统驭万民，如朽绳架车马，时刻有倾覆之险。作为君王，一言不谨，一事不慎，其结果危害更大。故而，要日日谦谨，言何克制，才能善施天下。可见抑斋不是一般意义上的书屋，而是一种政治形象工程。

抑斋小院的命意深远，其园庭建筑更受到乾隆皇帝的高度重视，直至亲自指导设计，且抑斋是宁寿宫花园所有院落中，拆改次数最多，也是最后完成的景区。小院中的抑斋、矩亭、撷芳亭等建筑早在乾隆三十七年拆建之初就已经完成，乾隆三十七年十一月六日，福隆安、英廉等内务府大臣的奏折就明确指出，此三处就已经完竣。但直至乾隆四十二年七月内务府奏折，仍在请示抑斋小院的添建、改造事宜。据乾隆四十二年七月二日内务府大臣为续添工程请款奏折："……拆改抑斋一座计两间，添后廊进深四尺，挪盖矩亭一座，游廊五间，改盖游廊两间，添盖游廊一间……"同一奏折还写到："成堆山洞（东侧大假山）、添建仙台一座（承露台），罩券门三座，扒头券一座，如意券门一座……禊赏亭边加堆太湖山石"等等。可见乾隆帝对这一小院进行了仔细斟酌，多次修改，一院东侧的大假山和仙台也是在这一时期添建，并特意为抑斋小院围出

---

① 重华：乾隆大婚后所居（雍正五年），赐名"乐善堂"乾隆登基后，为潜邸。张廷玉、鄂尔泰拟"重华宫"名，语出《尚书・舜典》：赞舜继尧位，重其文德之光华，亦暗喻尧舜之世——即康乾盛世。

② 《诗经・小雅・宾之初筵》："其醉未止，威仪抑。"卫武公95岁作此，时幽王荒废，近小人，欲无度，武公即入，而作思淳。告诫君臣不要沉湎于逸乐。

一个山坳，只留一条小径与古华轩庭院相通，形成抑斋相对独立、自成一体的格局。从全局看，这种处理方法加重了抑斋在全院景观中的地位，形成古华轩东侧假山为主庭院为辅、西侧小山为辅亭台为主的均衡、灵活的格局。小院虽小，却是古华轩一区造景布局的关键之处。

抑斋院内主要建筑有抑斋两间，矩亭、撷芳亭三座，期间以游廊连接，西侧邻古华轩一带游廊设置盲窗，与主院落分开。院内建筑围合的庭院空间面积仅 150 平方米，可谓十笏之地。小院东北角设抑斋，黄琉璃卷棚，绿色琉璃剪边，建筑形式简雅精致，小斋依附东侧养性殿山墙而建，建筑位置局促，开间仅为一间半，前后皆出廊，南北皆有门，南门居东，北门居西，以至于建筑没有轴线，左右前后皆不对称，体现出中国园林建筑十足的灵活性。其落位和形式构成恰如计成《园冶》所论，“假如基地偏缺，邻嵌何必欲求其齐，其屋架何必拘三、五间，为进多少？半间一厂，自然雅称。”衍祺门内有乾隆御题联：心田净洗全如水；鼻观清芬讵必莲。

乾隆用富于禅机的语言表明了这一书房庭院以修心养性为主，环境以幽静自然为要，故而多植古柏，以求山林之效。

小院东南角贴宫墙叠有太湖石假山一座，山顶构撷芳亭一座，高出宫墙之上，卓尔不群，既为点景之物，又可登临俯瞰全院景色，并与西北角的矩亭互为对景。假山余脉一支伸向西北，收于庭院中央。一支沿南宫墙延伸，转为余脉散点，“攒三聚五”散落于宫墙内脚下，在坡脚处，叠山师又改用置石，若隐若现与小院曲廊下的踏跺相呼应，笔断意连，手法极为自然。累累石骨暴露于园中，山根处用披石、散点等手法，表现山脚盘根错节的意味，又似乎将真山一角突入园林之中，园中假山石脉奔注，园外更有奇峰绝嶂掩映于后。加之院中古树繁密，（在 100 余平米的空间密植大树达 6 棵之多）夏日浓荫蔽日，山林意境极为浓郁。

乾隆咏《撷芳亭》，山亭构为野芳开，春意方舒殿里梅。（《高宗御制诗三集》卷九）突出体现了抑斋小院的意境构思以山野幽静的环境特色为主。乾隆《静怡轩摘梅诗》称：“盆梅开太盛，摘使枝头稀。已喜香盈嗅，兼资色绽肥。”表明乾隆皇帝对赏梅颇有心得。所指都是室内人工的盆栽梅花，宁寿

宫花园各院落多有盆梅记载，如阅是楼的联："日长莲漏三阶正，春到梅花合殿香"，乐寿堂联："土香阶草才苏纽，风细盆梅欲放花"。此即冬春放置于殿里的人工熏开的盆梅。

尤其值得一提的是，小院中的古柏年深日久，老根盘曲，树根凡暴露于地表之处，皆以细瓦镶嵌围合，加以保护，设计者之细腻专注，让人感动。由此也让人想到《园冶》所述"废瓦片也有行时，当湖石削铺（意为直立铺砌），波纹汹涌。破方砖可留大用，绕梅花磨斗（即逗，拼缝谓之），冰裂纷纭。"此二种细腻做法可以说在宁寿宫花园中都有展现，此处便是典型的废瓦片削铺，其形式，为菩提叶，为海棠花等等，不一而足。此外在禊赏亭北侧檐下，也有此精美细节。至于破砖磨斗，则更为普遍，几乎每一院中都有，工艺极为精湛的花斑石磨斗墙，至于用异形石片磨斗为冰裂纹者，更是遂初可见。这种对江南园林竭尽精微的模仿，在所有北方皇家园林中，唯有宁寿宫花园堪称得其神髓。

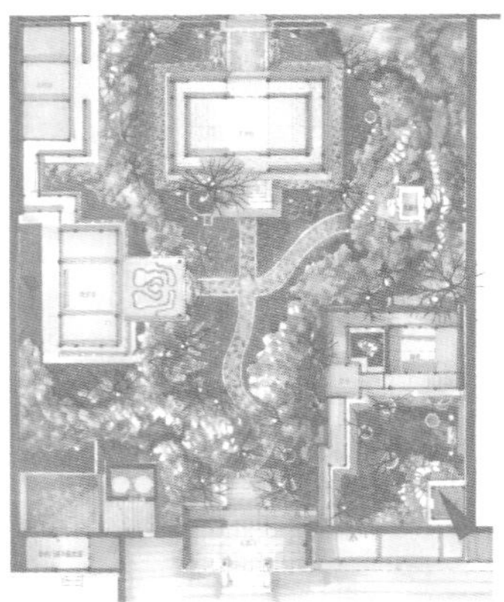

↑ 从撷芳亭俯瞰抑斋

小院空间极小，俯瞰之下，唯余庭前古柏数株和抑斋琉璃屋盖之上妖娆劲健的古松，全院细节尽数略去，重点表现浓荫质地的幽深静谧的空间感受。小亭临空无依，四望之下，四面皆为框景，陆游所谓"常倚斜阑，不安四壁"之意，多少在此有所体现。

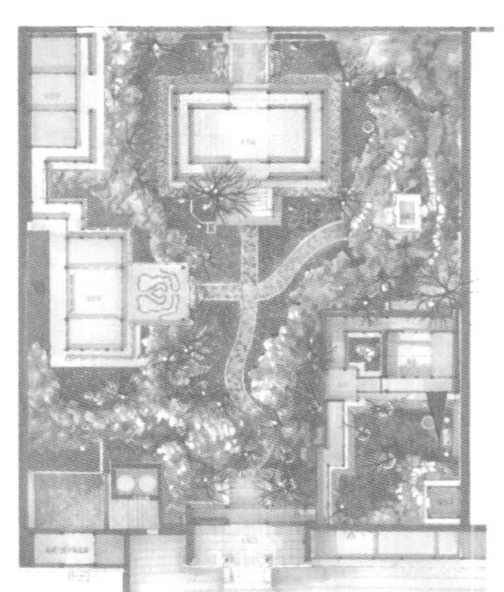

↑ 撷芳亭一角

此角度为乾隆书斋窗口所见，为全院景观最胜处。自下而上，虎皮石墙，山石蹬道，台基及红色宫墙次第展开，黄色屋宇与浓绿的树荫勾勒出入口第一院的古老与苍翠。不足百平米的小院，花石、石盆、蹲踞摆放，疏密有致，手法纯熟。在此远观，撷芳亭下的假山犹如虎踞龙盘，在红色的宫墙前更显出雄浑厚重。乾隆时代著名的温室梅花曾在此廊下盛放（冬日在室内用炭火催开，文献称为“殿里梅”），今虽不存，但花盆石座犹在。

抑斋鸟瞰 ↓

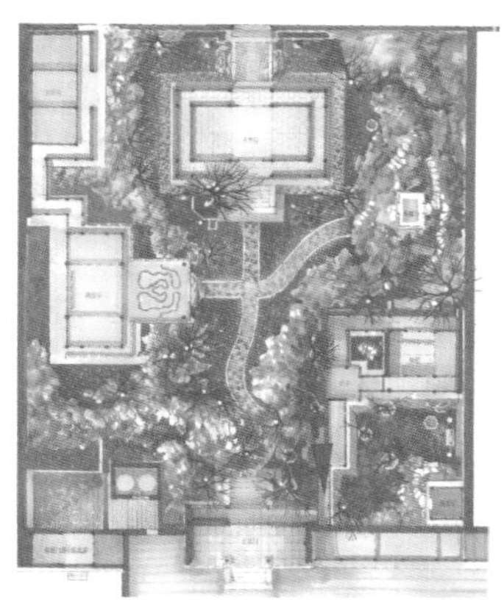

抑斋穿廊细节 ↑→

此廊背倚高大的宫墙，与撷芳亭相对，廊下可见亭山框景。速写的细节重在表现百年古建的沧桑历史感，配合以丰富的光影变化，表现小院的氛围。下图重点表现了廊下矮墙上的树影，坎墙一角的小猫，走廊尽头的宫墙浓郁的斑驳及秋叶的金黄以及砖细基座上一条条古老的裂隙等。庭院中处处体现出古老沉郁的气质，老树、老藤、老屋和斑驳的露出油灰地仗的老梁头。唯一鲜活的生灵是前景的这只小猫，成为这深院书斋里唯一的活跃因素。作者几乎每次入园都与此君不期而遇，相顾无言，各得其所。

↑ 抑斋细节

重点表现廊下粘修、虎皮墙台基及座椅细节

← 穿廊门洞细节，粘修工艺极精湛。此院由于未作翻修，木结构和油漆表面破损严重，地仗外露，反而更能显出苍古悠远的韵味。

↑ 表现了抑斋廊下一角的氛围，古松由书斋后院伸出，虬枝披拂至屋前，午后的阳光洒满前庭，落下层层斑驳的光影，空间幽静得只剩下光影流转的那一点变化，大有小庭无一物，静寂似太古的韵味。

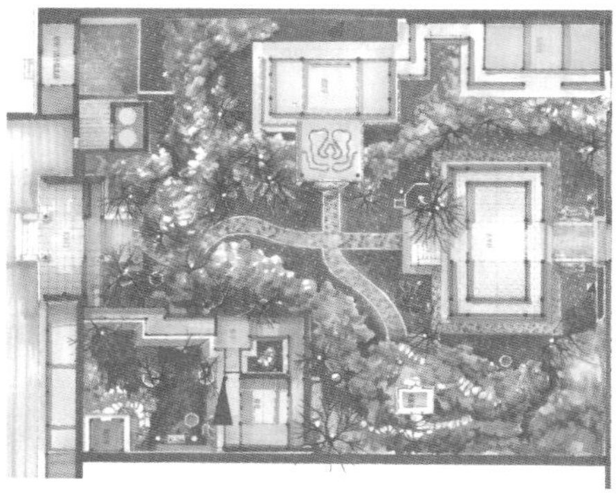

↓ 小院古松之下的台阶、坎墙、冰裂纹小路铺装细节

↑ 抑斋北面小院

北出抑斋廊下，迎面为一极精致的山石叠涩台阶，对接从大假山伸出的冰裂纹小路。假山两侧出山屏，湖石犬牙交错，两峰相交，犹如一道石门，剪出小院一角的空洞，与主庭园空间欲断还连。此空间大小不足 10 平方米，其上偃盖巨大古松一株，虬枝倒垂，一半盖满小院，一半直接深出宫墙之外的宁寿宫养性殿山墙之下，其树干盘曲而上，犹如蛟龙，姿态面面可观，为一院唯一的古油松。

↑→ 抑斋赏石

从北侧书斋前南望有雕花石台一座，石类“海水江崖”，雕刻精致繁复，全系人工之巧。从北院书斋廊下看，巧石映于撷芳亭下，与古拙的假山形成明暗、大小的趣味反差。从西侧庭院中看，赏石映衬于红墙一角，台下有荒苔数点，稍稍有荒凉之感。同一赏石，欣赏角度不同趣味迥异。

↑ 抑斋东墙一角

抑斋台阶之下，花台、赏石对称布局。红色宫墙之下无树，但墙上则树影纷披，作者表现时有意加强了这一意向，似能透出画面之外的古树婀娜，景色之丰富。

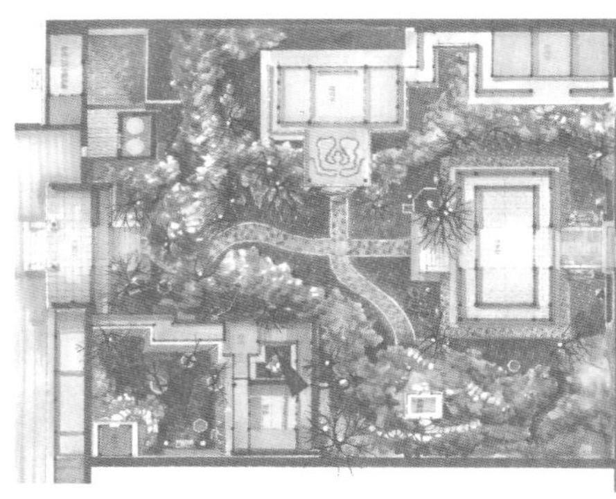

← 中庭特置赏石

一石、一阶、一古柏，其布局类似今日之极简主义风格。苏州留园“石林小院”亦有此景，用南太湖石，前者灵动多姿，于此处则显得古拙浓郁。抑斋书屋前后两道穿廊把不足百平米的书房庭院空间分作前后三进，空间层次变化由此更加丰富。

大假山下南望抑斋 ↑

2.4 大假山

宫禁园林营造山水景观殊为不易，尤其是位于大内北区深处的宁寿宫花园，更是无水可引，无山景可借，宁寿宫花园巧妙地运用借假山假水（禊赏亭曲水）的园林手法，化解了这一尴尬，其中假山营设是宁寿宫花园创造自然意境的主要手法。宁寿宫花园的大假山的布局营造融合了乾隆时期皇家造园的多种成熟技艺，花园前后四个庭院有三个庭院以山景为主，而且各具特色，均堪称创制之作。

一院山屏抱院，东西两路山系环抱三组建筑，山石余脉忽断忽连，犹如将整个古华轩院落的建筑都托起在山林之上，体量不大，却能连绵缠绕，让人处处见山，全院游线路径全由假山引导，曲径通幽、步移景异的景观效果全由山径营造而来，堪称"变城市为山林，招飞来峰使居平地"（李渔语）的典范之作。

2.4.1 一院大假山建成年代和历史

乾隆年间重修慈宁宫花园（乾隆十六年，1751）、宁寿宫花园（乾隆三十六年，1771）以及瀛台修整，叠山用石大多是从北海御苑拆运。其中，拆运琼华岛西坡的南太湖石修造宁寿宫之事，记载于乾隆三十七年奏销册，"白塔西边旧有南太湖石，经宁寿宫拆运三百七十七块。"清代内务府采办山石，大件山石论"块"，小件山石论"车"。此次拆解琼华岛假山的规模较大，而且山石质量较好。至此，北海御苑中所有能拆运的南太湖石假山，均已被拆除，琼岛假山也不复当年"山皆叠玲珑奇石，峰峦隐映"的景象。现北海仅存的南太湖石多位于山洞洞口和洞壁等难以拆解之处。

2.4.2 假山布局设计

古华轩假山整体上自北而南布局，在庭院南端再弯转，形成东西相间，又互有交错的两路山系，假山余脉蜿蜒逶迤至花园入口的衍祺门内，在布局上形成"山包院"的内向格局，与北区两院的大假山布局迥异。用横向堆叠的假山围合、分割庭

↑ 大假山全貌

从庭院中央东望大假山，主山为上台下洞结构，假山所用山石为当时皇家园林假山中形质最佳者，据文献记载，应是从西苑北海花园中拆运过来，其中有不少是当年金中都修建离宫所用之“折粮石”。在山顶与山道转折之处仍留有当年的南太湖石峰点缀数处。山谷、山洞和山峦多处太湖石迴环嵌套，山石接缝处多作勾连环套，充分利用了太湖石的形态和结构特征，在较大的悬挑处，用铁扁担、铁扒钩加固，是乾隆时代叠山的通常做法。大假山山谷多植古柏，形成一山苍翠的气势，此为古华轩院落最富于自然山林气息的一景。

院空间，并遮挡两侧宫墙，是宁寿宫花园叠山的主要特色。

古华轩东侧的假山规模较大，是小院叠大山的显例。假山起脚于北宫墙之下，由西向东折为山间蹊径盘道，循山径可直至大假山背后。山坳中点缀竹丛、湖石，形成相对独立的小景区。出幽谷，山势陡增直上如云起，直达承露台。此处主山取上台下洞的结构，结顶处与宫墙比高，似如蹲狮伏虎，“如虬如凤，将翔将踊”，气势连贯，手法酣畅，与北海“云起石”的气势颇为神似。承露台以南，山势一折而为幽谷和余脉，在院落东南隅又围合了抑斋小院，形成旷奥交替，大小对比极为强烈多空间组合。大有“十步千寻，百里一瞬”的丰富感受。

西侧假山从衍祺门处起首，在禊赏亭一线一路由大山转为陂陀，由叠石转为土山披石，平冈小阪的形式。散点置石半嵌入土，石脉似断还连。在禊赏亭北侧斜廊之下渐高，在旭辉庭前形成主峰峦头，并高出宫墙之上，形成一院最高的建筑旭辉庭。其主峰至一院北墙下戛然而止，看上去仿佛是由北墙外突破宫墙伸入园中的大山一麓，恰如清初叠山家张南垣所言：若似乎奇峰绝嶂，累累乎墙外，而人或见之也。似乎园中假山是截断大山之一麓，墙外仍有重山叠嶂。由此将园中之山与园外之境联系起来，形成景有限，意无穷的境界。其形式与苏州环秀山庄大假山余脉的处理非常相像，更见出乾隆造园于江南园林的学习借鉴之处。旭辉庭下假山西部处理也非常出色，自斜廊开始，山随廊架起伏，渐堆渐高，一色横云手法，冈阜深处又多植巨树，林木蓊郁。下视则老根盘亘，与石比坚，细部手法极为突出。

假山技法主要以北太湖石横向堆叠，连绵委宛如云头起伏，形成冈阜连属，峰峦掩映的多层次山系，加之假山坡脚老树虬曲，石根披露，林木蓊郁，极具自然清幽的意境。乾隆有《云起峰歌》题快雪堂的“云起石”，“移石动云根，植石看云起”形象地反映了这种北方皇家园林“横云”假山的特色。

大假山与宫墙 →

园内最盛之处·
苍翠、浓荫，
2012·于清华园.

一院总剖。假山和主要柏树全貌。

此为全院大树最密集处。主要老树，唯线笔轻描之古树。

↓ 古华轩庭院东立面

全院假山的展开立面，假山由南向北逐步升高，至仙台以北达到最高处6.7米，其尺度高出宫墙。巨大的山石如卷云盘旋而上，又折入山谷，与谷中的古柏缠绕连属，山石最高处正位于宁寿宫养性殿西侧山墙之下，将山墙完全遮挡，见山不见屋。处假山之下，庭院之中，则东侧宫殿之壮丽完全不可见，唯有山石嶙峋、古柏参天的自然幽深；但若于庭院西侧的旭辉亭前东望，则又可见一山玲珑之石与宫殿山墙琉璃相互辉映的华贵意象。这种独特的空间变化和趣味是设计者有意为之，在山林意趣极其浓郁的环境中，只要登高或退远，仍可以清晰感受到宫禁园林的华贵轩昂的器宇。

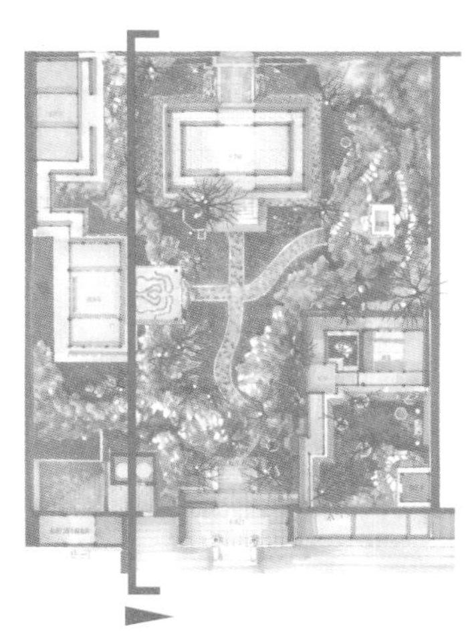

由抑斋上承露台：沿途山径、危壁、宫墙
和路中唯一的大油松组合。
墙外正对养性殿山墙山花

↑ 大假山蹬道细节

仙台北侧的假山蹬道，内侧紧邻石壁，外侧山道用特置湖石点缀转折之处，山道一侧仍留有望柱栏杆数根（故宫工作人员俗称之“巡山杖”，今多不存）。汉白玉望柱一侧映出养性殿华丽的山墙一角，巨大的油松映于假山之后。夏日浓荫之中，大有山阴道上意象。宁寿宫花园的自然幽深与富丽、浓密的对比特色在此类细节中得到刻意的强化。

↓ 大假山仙台一角

大假山蹬道从洞窟稍北面开始，山道折向南以后转入石壁，转过石壁上升至宫墙之上，视野豁然开朗。山石当阳，故色洁白，背映巨松浓荫和养性殿炫目的明黄琉璃屋顶，色彩绚丽，层次亦丰富。沿蹬道两侧之山石经年栉风沥雨，表面光亮如漆，似成包浆之质。此处假山结体绵密勾连，左右蹬道皆出以巨大的湖石，出挑之处多用玲珑剔透之南方湖石，用材多取自北海琼岛古洞之中，手法则为乾隆中期宫廷匠师的纯熟手法。山石结体用平衡等分之法，粘接用明矾油灰，一俟油灰干燥，可千年不易。一院大假山历经两个多世纪风雨，山石结体纹丝未变，几乎未见任何后世修补之痕迹，一山假石，唯此处最为精美坚固。

↓ 大假山前古柏

大假山南侧山脚石间留有树坑，仅数尺见方，内有古柏一株，树根嶙峋裸露与山石相缠绕，似为当年所栽。古柏一干并出数枝，前后盘旋，几乎将大假山主山和仙台完全包裹，密密匝匝。仙台正面仅出一枝，姿态如蛟龙深海，横出与山洞之上，成为整个假山最突出的前景。横枝之后，则为山石横岭、仙台和洞窟层层叠叠，假山层次异常丰富，与私家园林叠山相比，更多出一层富丽工巧的意趣。

↑ 古柏细节

古柏根部极为虬曲多姿，树瘤层层叠叠，为当年人工牵拉，开口所致，乃皇家园林古柏独有。古柏之侧有丁香树丛，为近代补栽，补充当年露地梅花之缺，古树新花、老干新枝亦别有一番意趣。

↓ 大假山全景鸟瞰

视点位于一院西墙之上，隐去近景禊赏亭屋盖，将假山起伏走势完全展现出来。近景山坳之中为曲水流觞之水源——井亭。屋中古井一口，水缸数只，专为禊赏流杯供水，远处宫墙之外精确描绘了与古华轩相对应的宁寿宫殿宇——养性门、养性殿及前出之抱厦。

← 承露台近景

承露台位于大假山偏南一侧，稍稍偏离最高峰，仙台南侧临深谷石壁，向下延伸到抑斋书房北廊之下；另一侧向北延伸如云起，形成与仙台相望的主峰。仙台前有特置南太湖巨石一尊，玲珑剔透如达摩探海，又如莲花仙掌悬出山峦之外，自下而望，为仙台前最显著的一景。

清代叠山大家张南垣所谓：全局皆平，仅于山巅置一石，便使全局灵动飞扬之势。此为最典型一例，似于章法上更胜苏州私家园林一筹。

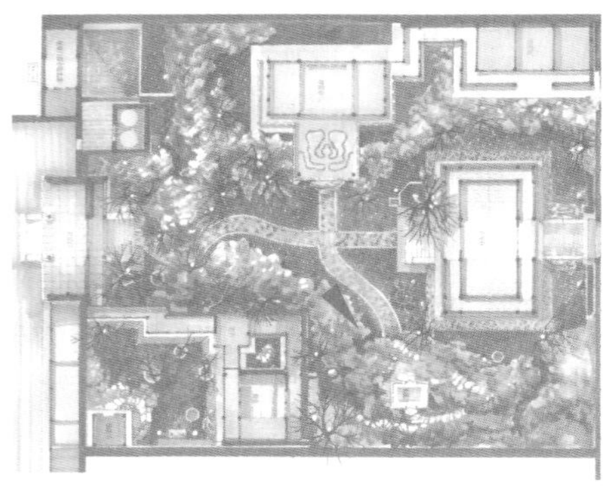

大假山山谷（背景养性殿）→

大假山北侧山谷采用“横云”叠山之法，层层叠加，每层皆用巨石出挑，前悬后竖，是计成所谓“平衡等分”之法。此处山脚基座的用石异常硕大，形质与北海诸山洞的北宋太湖石极为类似，似为当年乾隆所记载的塔山之石。上部则用北方湖石横叠如卷云之势，形成脚根壮硕层层外挑的悬崖。崖壁后部做成自然山谷，漏出深红色的宫墙及其后的养性殿山墙，山崖一侧种松（即古柏），山谷之中种竹，形成松竹掩映的浓郁中国庭园种植风格。

从承露台下望养性殿 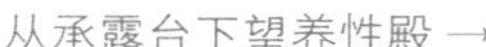

山谷之中，望柱之侧多种松植石（锦川石）以尊“万笏朝天”之制。山石之后的宫墙被完全遮挡，其上松柏掩映之间，透出养性殿一隅，红墙金瓦，取义吉祥，色彩富丽堂皇。山道所经恰是全山景色由峰峦转入山谷的转折之处。沿山墙一侧设望柱、原有平台（今毁），是绝佳的停留观景点，其下转过一处石壁石蹬即可到达抑斋前庭。

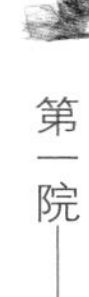

↓ 衍祺门山屏（由内向外看）

由内向外，隐现衍祺门廊和矩亭一角，两山相交错之处雕凿极精细，山脚栽柏之处尽作湖石花台。留土、排水、花台皆用天然小石拼缀，历200余年，树根盘固，与石脚共生，毫无松动，其手法之精足供今日古园修复之范本。

衍祺门山屏（由外向内看）↑

↑ 衍祺门山屏（由内向外看）

以建筑为衬景，重点表达假山的大势与近质。此屏山的叠造工艺极精，为细小多孔的北太湖石多层堆缀而成，上层出巨大悬挑，下层则基脚厚重，盘固，山石间留树坑，古树苍翠虬劲，近于妖娆。

大假山框景古华轩 →

从山石框景中俯瞰古华轩，轩前古树枝叶婆娑，琉璃剪边，石脚、基台、蹬道、踏步、望柱层层掩映，别有情趣。

从大假山“拱门”中借景古华轩。

大假山余脉（背景养性殿山墙）↑

↑ 大假山与宫墙一角

↑ 由古华轩看大假山全貌

↓ 由古华轩南望大假山

大假山主峰走势.

2.5 禊赏亭

禊赏亭为原宫西花园流杯亭易地新建，原流杯亭位于花园西北角，为四角攒尖的小方亭形式，改造后成为“重檐三出”的三面抱厦形式，亭下设须弥座，周围白石栏杆，庭前东出抱厦内设置石刻回文流杯渠（依据乾隆三十六年内务府奏折，按拆建花园“抵对旧料”的成例，此处流杯渠极有可能为康熙时期宫西花园流杯亭旧物，故极为珍贵）。禊赏亭落位于花园西侧正中，建筑体量和位置重要性都大大增加。

禊赏亭平面呈“凸”字，三出抱厦，南北两面皆设槛墙、窗棂，饰以竹子花纹，东面抱厦全部敞开，面向大假山，形成完整的框景，抱厦内设流杯渠一座，由人工汲水通过暗渠流入亭内，形成流觞曲水的景观，此亦为全院唯一一处人工水景观。禊赏亭下设须弥台座，四周石栏、望柱皆饰以石刻竹纹，亭子四周几座与入口踏跺，皆以山石抱角，亭南北暗渠也以湖石假山掩盖，刻意模仿兰亭雅集“茂林修竹”的景观环境和山水意象。乾隆《题禊赏亭》诗有“有石巉岩有竹攒，流觞亭里石渠盘，他年辽待临王帖，视昔由今正好观”。乾隆一生好书法，以书生自居，在其园林中出现如此直接模仿兰亭修禊环境，大至出于乾隆对王羲之书法的痴迷和对魏晋风流的追慕和服膺。同时通过彰显兰亭修禊的文化主题，花园主人也隐约地表达出退政归隐、潜心林泉的志向，即所谓“耄期致倦勤，颐养谢尘喧”的心境。

此外，以“禊赏”为景观命意，也契合花园的宁寿主题。“禊赏”之源头为古之“祓除”习俗，即包含了洁身祛邪，祈求吉祥宁寿之义。通过这种委婉的暗喻，极富诗意地为宁寿主题注入了魏晋风华和文人逸趣，也如曲水兰亭一般，将自身对长寿的期待和对天下康宁民寿的祝福（宁成万国，寿先五福）融入花园的归隐主题之中。

←禊赏亭一角

用近乎贴地的视角表现禊赏亭前出抱厦的檐下细节和精致的苏式彩画。画面选取极大的仰角突显建筑屋角“如翚斯飞”的结构之美。亭左右两侧为古柏、古楸各一，皆以意象描绘，色彩沉郁。其下之湖石假山则淡淡描出轮廓和大片阴影，形成全图的剪影框架，别有情趣。

↑ 从衍祺门内屏山北望禊赏亭

这是古华轩入门最具特色一景，外松内紧，形如剪影。入口山屏错中而立，两山之间透出主景禊赏亭之一角。近看山色嶙峋，色彩灰白，远望古木森森，幽邃无尽。山石与衍祺门仅数米之间距，人于岩下，上视不见山顶，唯觉壁立千仞，以近求高之法运用极成熟。画法上，近处山石出之以简笔，两山夹缝之间的亭廊草树显得色彩沉郁，沉郁松柏之间突出丁香一丛，在一片阴郁的墨色之中透出一片鲜亮之色，招云漏月之间，春信可探。近景湖石假山略去多余细节，只留整体山屏婉转的大势，山石受光面刻意留白，不着一笔，形似堆云、积雪，与后景深沉的老松形成鲜明对比。

↑ 由抑斋矩亭透过大假山西望禊赏亭

↓ 由禊赏亭内看大假山全貌

禊赏亭内是普通游人无法进入的区域，这是个非常难得的角度，且视点极佳。由禊赏亭内外望假山，实际上是从古代参与曲水流觞的文人和园主人乾隆的视角重新审视古华轩的园林景观，其景致与大假山俯瞰及从古华轩向外看均很不一样。古华轩庭院在曲水亭的左、中、右三幅框景中次第展开，犹如一幅连续的林泉水墨长卷，循着卷幅层层递进。大假山层叠伏压状如堆云积玉，山石自西南向东北层层上升，在古华轩一侧转入山谷，又在禊赏亭以北形成余脉，一直延伸入旭辉亭下，气脉贯通，石根奔注直至禊赏亭前，形成土石相混的错石台阶踏步，此处假山土石相混，其山林意象较他处更为浓郁。

←↓禊赏亭细节

细笔精工刻画了一亭翼、一古柏、一丁香，重点表现屋角琉璃兽首装饰和檐下木作粘修之美。琉璃、隔扇、檐下蓝绿色为基调的苏式彩绘，以及其下简素的汉白玉竹纹栏杆，确切地烘托出兰亭修禊时“茂林修竹”的环境主题及其与园林山石、古柏、春花相互交映的四时之美。

↑ 禊赏亭内景

窗外湖石假山在强烈的阳光之下，犹如庭前堆雪，映窗而入，形成李渔所谓“尺幅之窗，无心之画”。小亭东、西、南三面皆窗景，一字排开，有如一幅浓墨重彩的通景山水长卷，此夏山恰如郭熙所谓“苍翠欲滴”，若为冬山，则如王维禅画，淡墨远山，淡冶如笑矣！

禊赏亭南侧假山余脉 ↑

2.6 旭辉庭

古华轩西侧为旭辉庭，建筑三间朝东，因居于假山之上，突破宫墙，能最早迎受朝晖，故名旭辉。庭前有假山蹬道下到古华轩，庭南侧则由斜廊与禊赏亭北厢连接，形成一院西侧一组依山而筑连续的建筑群。

古华轩西侧假山由衍祺门处起首，先做屏山，取开门见山之意，为求遮挡，余脉一支向西直抵宫墙之下，另一支向北伸入禊赏亭须弥座下，形成山麓石骨的景观，其后依附宫墙北延之上，至北墙下形成高出宫墙之上气势雄浑的横云假山，假山之上再筑旭辉庭以增其势。

就假山与建筑的全局看，一院大假山实际上通过东西两路山系，将抑斋、古华轩、禊赏亭—旭辉庭和西南角值房—衍祺门入口四组建筑分开，形成收放自如、变化丰富的三个主要建筑空间。入口抑斋被假山围合最为严密，只留山洞和衍祺门东侧游廊相通往来，由山石突兀之处，隐现出矩亭一角，从山坳处也可见禊赏亭抱厦一角。同样，由山屏围合的衍祺门入口也是自成一院，只在两山屏交错的缝隙间隐现出禊赏亭一角，如桃源溪口，彷佛若有光，引得游人向前一探究竟，南角假山以隐为主；转过屏山，豁然开朗，东西两路山系分别围合古华轩和禊赏亭，形成全局的山包院结构，尤其对古华轩一区，东西两面围合，只留下南北入口，加之两侧林木蓊郁，山林意境突出。于轩中四望，东西南三面皆山，北侧为精美的垂花门，几乎是面面皆借景，让人目不暇接，犹如身在万山丛中。同样，西侧假山在禊赏亭处，也形成南北两面围合，从外向亭内看，层层假山余脉叠于须弥座下，又如禊赏亭之剪影，从南北抱厦内向外看，则面面刮落皆成景框，一派自然山景，几乎看不到宫墙的影子。在东侧抱厦外望，则与承露台大假山形成对景，完全是一幅绝美的富春山居图。在宫禁园林无景可借的苛刻条件下，假山成为古华轩院落最重要的自然背景屏障，也是最主要的空间分割手法。

↓ 旭辉庭正面

庭园北角的旭辉庭坐西朝东，高居于山石之上，是全院最先迎来日出之处，乾隆御笔题“旭辉”，并御笔撰联“鼎篆兰烟直，窗含旭景新”。明间开门，余为槛墙、支摘窗，饰步步锦窗格。亭南侧接爬山游廊与禊赏亭相连，为全院建筑最高处，可俯瞰古华轩及庭园。建筑位于高大的台基之上，再于其外包裹巨大的假山石屏，形成入高居群山之上的布局，假山余脉一直延伸到禊赏亭前，形成这一区域相对独立的景观环境，小庭前后多植古柏，形成林木蓊郁的自然意象，与南侧禊赏亭周边形成对比。

旭辉·东方第一缕阳光之所在。

光威·旧色·积石如云起。

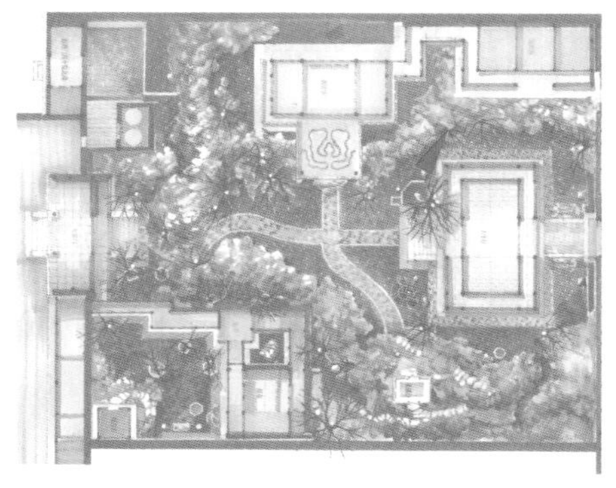

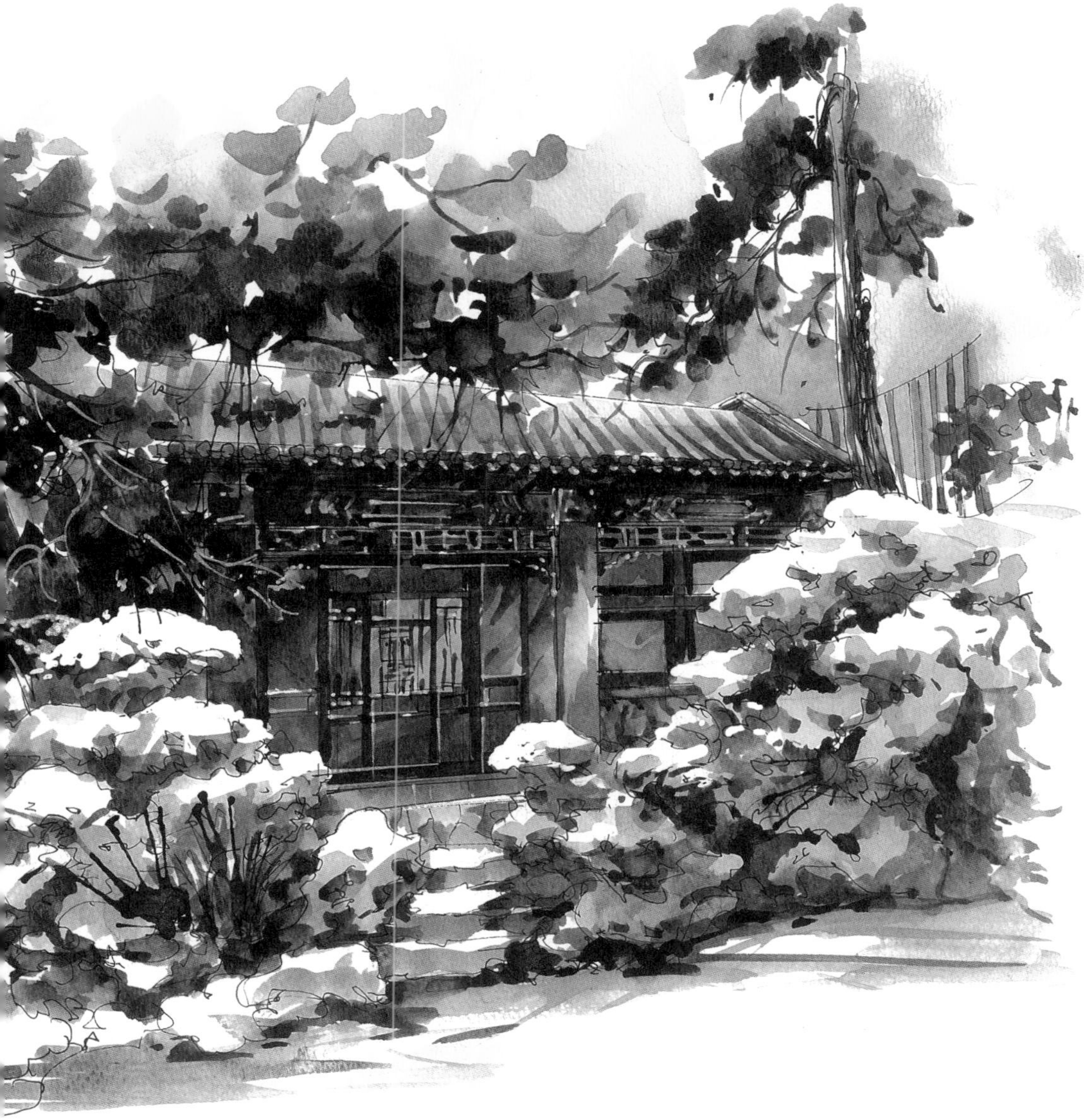

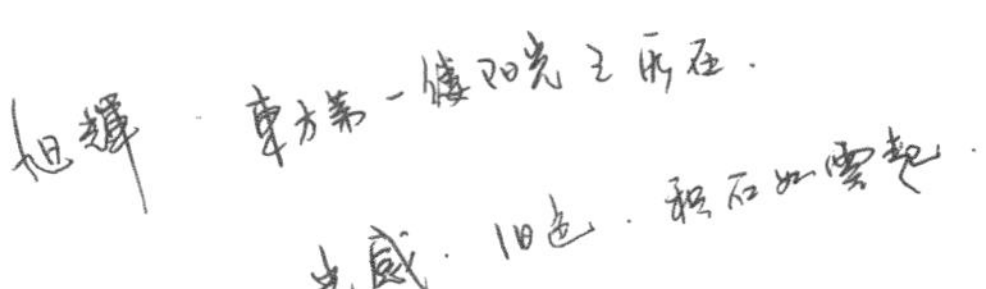

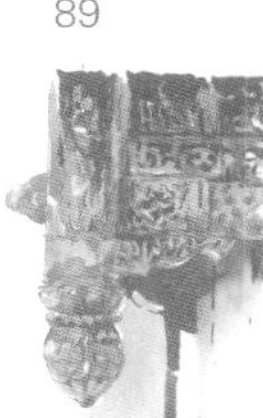

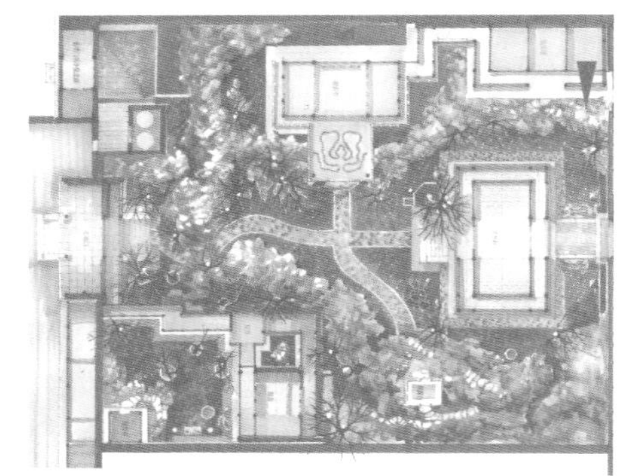

古华轩后庭院 →

此角度是从旭辉庭前透过姿态极美的假山峰石的间隙，表现古华轩后垂花门前的小院。小院空间至简，只一对花台、两对叠涩蹬配和近景的碎石铺装而已。空间中的山墙、垂花门细节以及满院苍翠的古柏修篁成为主要的表现对象，尤其是近景的古松及其与古华轩山墙的掩映避让成为趣味中心。浓荫下的古华轩表现十分充分，琉璃质感及结构体量均表现得神奇完足，远景的垂花门虽装饰得极为繁复，但用色较轻，突出了光影，与古华轩山墙分出明显的前后层次，故建筑元素虽多却不乱。

2.7 古华轩

古华轩位于第一院中轴北区，坐北朝南，面向衍祺门入口石屏，为第一院主体建筑，轩前古楸树在乾隆重修时已逾百年，倚树建轩，因名古华，暗喻王朝兴盛，帝祚永延。古华轩位置当与原康熙宫西花园正轴主厅相仿，而此古楸树极有可能在康熙时期建筑景福宫西花园时即已存在，乾隆爱其古树生春，称之“古华”。古楸树枝干婆娑，主干向东倾斜，与敞轩相依偎。每逢春夏之交，古木繁花，紫白相见，香满庭院；冬季树叶凋零，有飞雪将之装点成一树银花，无论冬夏，都不离一个“华”字，故乾隆称之“古华”，称之“以素为华”，“以不花为花”是再切题不过了。这种树依轩生、轩以树名之情景，也恰如《园冶》中所述得“多年树木，碍筑檐垣；让一步可以立根，斫数桠不妨封顶”之说。古华轩轩树相依的关系，最好地诠释了明代大造园家的理论。轩前古楸，台下（承露台）古柏是古华轩一院之魂，号四百余年，亦当宝之。从这两颗古树与古华轩的相对位置看，古楸位于轩之西侧，主干向北伸出，古柏位于轩东南，与古楸相呼应，主体建筑与点景树之间左右均衡而非对称，位置经营既灵活多变，又不失之凌乱，打破了宫禁园林布局的呆板，与江南园林古柯虬枝映楼台之景象有异曲同工之妙。

乾隆对此树感怀颇多，多次为之赋诗咏怀，现存古华轩中就有有楹联一幅和题匾诗四首。联曰“清风明月无尽藏，长楸古柏是佳朋”。题匾诗之一云“树植轩之前，轩构树之后。树古不记年，少言百岁久，孙枝亦齐肩，亭立如三友，粗皮皴老干，冬时叶无有，积雪谓之华，是诚循名否。”其二，“庭楸杰峙已生孙，葱郁其年几百伦，以树为华今即古，启予吟藻得于轩。”其三“轩堂重新构，宫禁原自古，因之有古树，三两列庭宇，（指承露台下古柏，古华轩前古楸树）其年难记数，柏固恒弗凋，楸有枝为伍，童童郁郁间，如聚期羡侣，以不华为华，对之能忘所。”其四，“湖石深护径，老楸耸其檐，楸根生子孙，曰一成含三，古华向所名，其义更堪探，古而不华固，华而不古谶，寄语为文者，会此求心湉。”

四匾：

树植轩之前
轩构树之后
树古不记年
少言百岁久
孙枝亦齐肩
亭立如三友
粗皮皴老干
冬时叶无有
积雪谓之华
是诚循名否

庭楸杰峙已生孙
葱郁其年几百伦
以树为华今即古
启予吟藻得于轩

轩堂重新构
宫禁原自古
因之有古树
三两列庭宇
其年难记数
柏固恒弗凋
楸有枝为伍
童童郁郁间
如聚期羡侣
以不华为华

湖石深护径
楸根生子孙
古华向所名
古而不华固
寄语为文者
老楸耸其檐
曰一成含三
其义更堪探
华而不古谶
会此求心湉

一联：

明月清风无尽藏

长松古柏是佳朋

↑古华轩内部四匾一联的位置及内容

四匾一联唯一的主题是皇帝在人生之秋展望未来，寄厚望于子孙（乾隆年届六十整寿下旨兴建宁寿宫及花园，以备倦勤）。桑梓、松、楸，皆为遗于后人之树，以其萌发力强，象征王朝子孙兴盛，帝祚永延。乾隆题于古华轩内的四块诗文匾联充分表达了这种对子孙（福寿）的期许和对王朝兴盛的祝愿。所谓“孙枝亦齐肩，亭立如三友”，“庭楸杰峙已生孙，葱郁其年几百伦”，“楸根生子孙，曰一成含三”，均是以树喻人，将树木的萌发多枝，比喻为子孙兴旺，王朝代有其人。萌发、繁殖能力强的昆虫、植物历来受到王家帝后的喜爱，为后宫殿宇命名往往取之于此。故宫西六宫永巷之街门，曰螽斯门，东六宫街门，曰麟趾门。螽斯、蝗虫 、蚂蚱，取其繁殖力强，意求祈盼皇室子孙兴旺。此为，孙枝亦齐肩，亭立如三友，还包含了对王朝后人的某种殷殷期许，乾隆在重修宁寿宫时，将原景福宫择他处另建，并命名为“五福五代堂”，对五世同堂寄予了极大期望，故此，乾隆能对圣祖宫西花园的古树寄托如此之多的深情。

乾隆对这棵古楸树的喜爱还在于对圣祖康熙的纪恩缅怀，乾隆一朝许多皇家园林，避暑山庄的万壑松风、圆明园镂月开云（牡丹台）等处建有纪恩堂，缅怀圣祖仁皇帝当年对自己的恩育和眷顾。乾隆十九年弘历在《题万壑松风旧书屋》中写道“昔日恩承仁祖处，今来又作抱孙人”。这种情怀与古华轩所题“孙枝亦齐肩，亭立如三友”是何等真切！意将圣祖之仁爱传递给子孙，意将自己对个人长寿乃至天下宁寿的美好愿望传之子孙，遍被天下万民。

“明月清风无尽藏，长楸古柏是佳朋”一联则另有深意。无尽藏者，释语，康、乾二帝常用之，乾隆一生为政做人处处模仿康熙，所作诗文也不例外。康熙在《题避暑山庄》“水流云在”的小记中说，“云无心以出岫，水不舍而长流，造物者之无尽藏也”。并称“杜甫诗云‘水流心不竞，云在意俱迟’斯言深有体验”。无尽藏一语源出苏轼《前赤壁赋》，“唯江上之清风，与山间之明月，耳得之而为声，目遇之而成色，取之无禁，用之不竭。是造物者之无尽藏也。”意天地自然蕴藏了无穷无尽的宝藏，关键是要有一颗善于体察的慧心，就古华轩立意而言，只有与明月清风为伴，与长楸古柏为友，才能体会到这种无穷无尽之美。这与计成《园冶》中所说的“闲闲即景，寂寂探春”何等相像！东坡先生于黄州被贬时道出此中真情，可谓落寞者之探春深情，而作为志得意满的闲闲大人的乾隆，与之境遇虽殊，但体会自然的那颗慧心却是一样的，此中心境绝非普通的吟花弄月之文人可比。

此外，乾隆联中的“长楸古柏”都实有其物，且都保存至今。园中的乾隆古柏位于院落东部大假山承露台下，老干虬枝，郁郁葱葱，为承露台山洞前主要的障景树。至于古楸树，则更是老干之上又生新树，故乾隆称之“楸根生子孙，曰一成含三”，是谓真正的园中瑰宝，树中寿星，是古华轩历史岁月的见证者，能保存至今，实堪称奇迹。

古华轩之闻名，还在于其建筑形式之独特，装修技艺之精雅。古华轩是宁寿宫花园中唯一的敞轩，这在北方宫禁园林中并不多见，建筑四面开场，面面通透，这样既分割了内外空间，又能使视线有一定通透，空间似断还连。所以古华轩虽体量较大，而且位于庭院正北中央，却没有空间壅塞之感，观者立于庭中，无论在哪个角度，视线都能透过简洁精美的刮落直达北端垂花门内的太湖石端景。昔日放翁称“常倚斜栏贪看水，不安四壁怕遮山”，讲的就是这个道理。宁寿宫花园熟练地引入了江南私家园林的造园手法，第一次将江南文人园的空灵清雅带进北方皇家园林之中，实在体现出乾隆在造园修养、园林欣赏方面高出历代帝王的资质。古华轩装修整体上古朴典雅，用料精良，做工上乘，尤其是楠木天花板，一色柏木方井平棋，每井覆以楠木贴雕卷草花卉，原木色彩，不施髹饰，更未像其他宫苑建筑一样施以彩绘镶嵌，一派白木青扉的雍容低调，乾隆时代的宫苑装饰技艺成熟，良工云集，却特意采用如此简朴的内檐装修，实是取其别致，而弃其铅华，目的是与优雅自然的园林环境取得和谐一致。由于雕刻精良，图案突起于天花之上，在光影变化之中立体感极强。

整个紫禁城中，这种原木制作不施粉黛的天花只有古华轩、乐寿堂和符望阁园内的碧螺亭三处，且全部在宁寿宫内，显然是乾隆时代的特殊风格。前述四匾之三中，乾隆称古华轩的风格是“以不华为华”，大体讲的就是这种低调稳重的奢华，恰如人到中年的乾隆，掌上观纹，高雅淡定却气度非凡。

古华轩的修建大体经历了两个阶段。乾隆三十七年，古华轩院落已基本完竣，在英廉、福隆安等人的奏折中明确指出，早在那年冬天，内务府就已经完成“衍祺门三间、抑斋两间，矩亭一座，撷芳亭一座，重檐三出禊赏亭一座，古华轩三间，旭辉庭三间……”此时的古华轩和原宫西花园主厅一样面阔三间，而今日之古华轩面阔五间，显然其后又经过一次大规模改建，直至乾隆四十年，古华轩又添建了楠、柏木天花等装饰，到此才算基本完成。可见，古华轩是在乾隆精心指导下，边做边改、精益求精的产物。

↓ 古华轩框景（南望大假山）

泛古华轩南望冰裂门

2012.10.

古华轩框景两幅 ←↑

左图框景垂花门，右图框景大假山，一则人工，一则自然，两图各有侧重，相映成趣。

左图近景突出了古华轩内檐的木作装修。古华轩明间和后檐四间悬挂木雕龙匾四块，各有题诗，是乾隆帝为古楸而题（匾额内容见上页）。明间今柱有乾隆御题联，长楸古柏，明月清风点出场景主题——“无尽藏”。此图有意降低近景的明度和色彩，将框景中的垂花门作为主题，用淡彩反映强光阴影下的丰富层次，细致的刻画了对面垂花门一角的琉璃卷棚、叠涩、青砖干摆和精致的虎皮石墙，层层叠叠，多而不乱。

右图所示精致的天花平棊，为现存皇家庭院中仅存的楠木雕花平棊，采用卷草图案，楠木贴雕，图案凸起于天花板之上，在光影的变化中产生很强的立体感。图中所绘仅存其概貌，至于工巧之精，画面所示则百不足一。

古华轩全景 →

本图带有明显的意象表达色彩，但图中主要建筑尺度严格按照实际尺度，未作夸张修饰。画面核心为轩前巨大的古楸树，特意选择了楸树生春的紫灰色调，将同样硕大的古柏置于楸树之后，做为配景，共同形成浓荫匝地、光影斑驳的场景感，突出表现乾隆御制诗所描述的“庭楸杰峙已生春，葱郁其年几百轮”的深邃意境和紫白相间、香满庭院的繁花春景。前景的丁香为当代补栽，乾隆时期，此处亦种植露地梅花。

古华轩内檐细节 ↓→

此为现场小幅写生，用色用笔皆以表现主观意象为要。画面突出了前景轩廊柱的破损和斑驳外露的油灰地仗，突出表现了古华轩的岁月沧桑，日落斜阳的感受。此一景恰如美人迟暮、英雄老去，多少令人有一种凄美无奈之感叹。此为花园古建仅剩不多的未经大修整理的部分。今为之立照存念，亦饶富情味。所谓今之视昔，亦犹后之视今，揆其趣，则若合一契，他年观此景，又何尝不临园嗟悼，兴感于怀哉？

↓ 古华轩下的细节

古华轩下的花台、石座乃至建筑台基的虎皮挡墙，工艺均属故宫各处少有。古华轩南阶左右各有一方精致的石座。东南角石座之上保留了一块珍贵的灵璧特置石。其形类似米芾研山铭碑中所示，层层叠叠，形如盛放的莲花，考故宫赏石进贡的相关文献推知，此石应于明代中后期进入皇家收藏，但何时被移入宁寿宫花园则不得而知。所谓“山精湖骨”的赏石，在古人重建第二自然的努力中，所处的地位当是毋庸赘言的。古华轩前的这尊灵璧石虽小，几乎类似清供文玩，但其形质之美，足以予人充分的联想：山静似太古，天地无尽藏。谁又能否认乾隆古华轩的庭院立意与这尊灵石之间的关联呢？

↓ 垂花门前宫灯

2.8 垂花门

古华轩后为一道青砖隔墙，上部磨砖干摆，整洁清雅，下部为宁寿宫花园特有的花斑石裙腰，正中开垂花门一座，入门便是遂初堂小院。垂花门形式古朴，为北京民居样式，与后面的四合院相得益彰。在整个一二院景观序列中，这一小小垂花门是前后院之枢纽转折，它既是古华轩的背景，通过古华轩的门框落地罩，可以框出完整的垂花门小院，是为一院端景所在；同时垂花门本身也有框景之效，入门即见一座北太湖石假山，石组前后皆植松柏，树石相依，在朱门石狮子的掩映下，恰如一副“无心画”，勾画出小院的宁静优雅，朴素中透出华贵。门前石狮小巧可爱，形为狮子，体量恰似门墩，造型别致，与小巧的垂花门尺度相近。相传石狮为慈禧时添加，与两侧的宫灯，台前的太湖石踏步蹲配相得益彰。

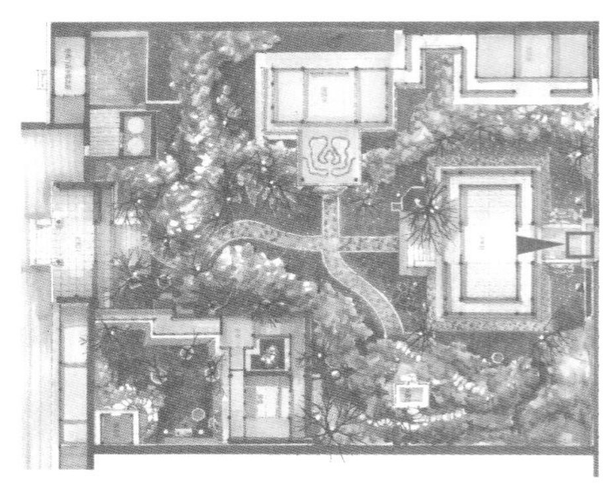

←↑ 垂花门建筑细节

↑ 由古华轩中轴看遂初堂框景

这樘垂花门保留着未经整修的旧貌，油漆斑驳，地仗外露，但建筑物件毫无残损，处处向外人透露出百年老院的沧桑之美。小门虽古旧，然装饰性极强，梁头向外的部分被雕成云头状，其下为垂莲短柱，仰覆莲花纹饰皆手工雕作，垂花门或得名与此。慈禧当年居宁寿宫正寝乐寿堂，以“老佛爷”之尊进出花园，必经这小小的垂花门。或许是因为枋上雕镂过于富贵，少了些许北京大宅门常有的“俗味”、生活味，慈禧在门前添加的一对高不足一米的小狮子如今已成为垂花门前最重要的标志。这“门神”没有丝毫威严，只一味惹人怜爱，清代这两位最有名的“老佛爷”，其心性情趣在此或可见一斑了。

遂初堂

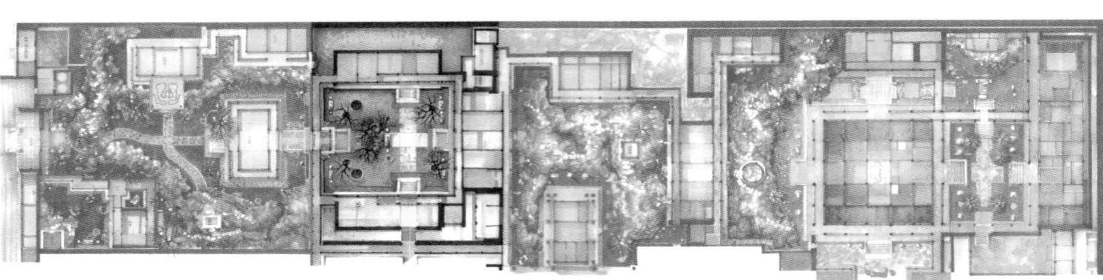

↑ 遂初堂院落整体鸟瞰（由北向南）

3

第二院——遂初堂

3.1 综述：遂初堂空间特色

宁寿宫花园第二院遂初堂为乾隆游园休息之处，布置简洁规整，最符合乾隆“不华而华”的思想。全院布局疏朗，以湖石对景为界，分成南北两部分。南面垂花门入口有屏，屏开见山石对景，石前有小径，径外别有一区，层层递进转入静中观（遂初堂庭院）。湖石假山四周遍植松柏，山林意境突出。二院似为全局的低潮，为第三院高潮积蓄能量。

进院鸟瞰

丁2012.9.29 中秋前夜

遂初堂小院布局平中见巧。主厅左右拔角各出转角游廊一座，与东西两厢前廊相连通，两厢建筑布局灵动，东西配房各五间，明三暗二，入口开于北三间正中，南部二间由装修推出，做成暗廊，南端再出廊与垂花门两边的抄手游廊相接，由院中四望，房、廊、垂花门联络贯通，形成简洁统一的檐下立面。通过建筑的灵活变化，将小院的东西轴线北推数米，前院面积扩大，而留出了湖石假山对景的位置和其背后那块著名的，面对遂初堂明间的青玉特置石的位置，由此稍稍典出宫廷园林的空间性质。从全局看，遂初堂院实际是中央区乐寿堂院落的西跨院，东廊有门可直达乐寿堂前院。全院布局为一正两厢带抄手游廊的规整布局，是乾隆在宫廷之中刻意复制的一座典型的北京民居三合院。主体厅堂五间绿琉璃卷棚顶，黄色琉璃剪边，正厅坐北朝南，明间是遂初堂匾额为乾隆御笔。

小院庭院空间简洁，建筑台基以精细磨斗的花斑石镶嵌，简洁自然；垂花门入口台阶，用湖石做成踏跺，小巧精致；院

落四角各置特置石一座，皆为湖石特置，巧拙不一，石下一色须弥石座，小巧精致，雕工卓越。中轴前区临近垂花门处设置湖石对景假山一座，山石四周配植了数株古柏，一丛箬竹，高低搭配富于层次变化，从遂初堂前观之，满眼山林气息，从一院古华轩内看，视线则可以透过垂花门框直达湖石对景，宛如一幅山水画立轴，是李渔所说的那种“无心画”的典型样式。

由于是太上皇游园静息之处，宜静不宜动，空间意境偏于闲逸清雅，与其他三院明显有别，总体布局前密后疏，遂初堂前特地留出较大的空间，意以“闲庭”、空院的空间，暗示闲散淡泊的文化意味，所谓“乔松荫闲院，驯鸽语回廊”（嘉庆诗《遂初堂》）很好地总结出了遂初堂的空间意境。

↓遂初堂整体鸟瞰

第二院景色意象极为空灵幽邃，是四院中最“雅”的一院，乾隆称之“琪花瑶草底须妍，萝月松风合静观”——小院有风有月，有松柏烟萝，则何陋之有？这天堂里的琪花瑶草与吾（乾隆）心遂初衷，归隐山林的夙愿又有何干呢？小院正堂五间，进深三间，绿色琉璃卷棚歇山，黄琉璃剪边，前后皆出廊，为典型的三合院样式。遂初堂是第二景区的主体建筑，又是承前启后进入第三景区的过厅，明间开门成穿堂式样，明间两侧均开支摘窗，作步步锦饰。东西两厢之南另出游廊与南墙垂花门倒座相连，形成一座有变化、清新别致的三合庭院。小院廊下或为当年乾隆闲来遛鸟所在，嘉庆帝御题“驯鸽语回廊”是其地也。

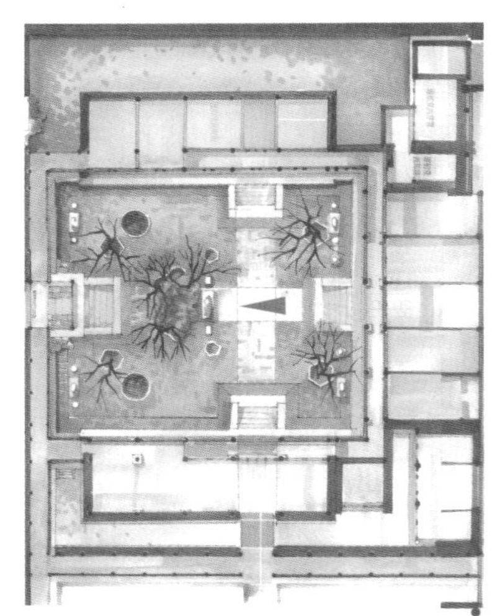

↓ →遂初堂庭院

庭院十字甬道正中设湖石花台一座，此一石即一山，乾隆所谓“屏山镜水皆真宰”之“真宰”，指的大抵就是这一出堂前就赫然在目的屏山（自然）吧。石座一侧的古柏为当年所植，苍翠高古，其左右两旁栽竹，绿树翠荫。后世于石座边补栽丁香，年年开出紫花，为小院带来生意点点。画面用光特别强调了清晨东来之光，似乎是为了再现陶渊明笔下所谓“恨晨光之熹微，实迷途其未远”（《归去来兮辞》）的归隐遂初的欢快急切的感觉。

第二进院·空间·细节

遂初堂西厢透视 ↑

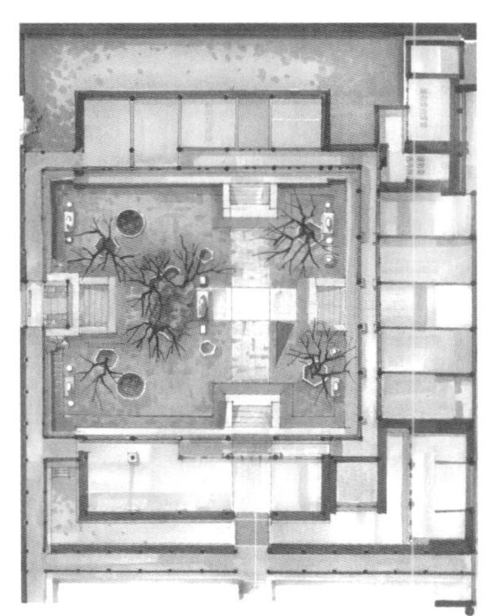

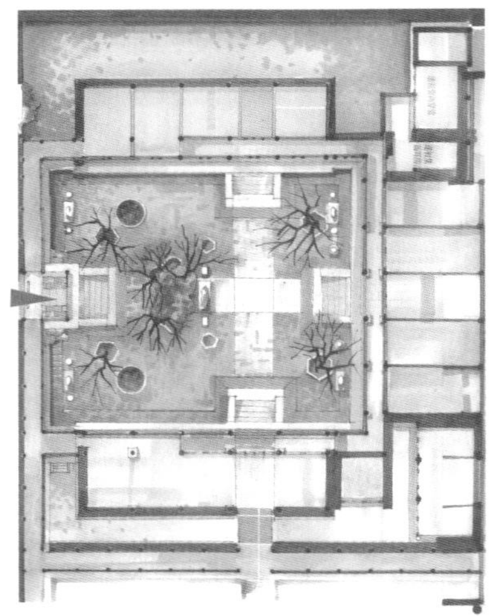

从垂花门看古华轩 →

3 

3.2 遂初堂

乾隆遂初堂名取义魏晋孙绰的《遂初赋》，孙绰的《遂初赋》在后世文人士大夫中被逐渐浓缩为一种标举隐逸，寄情林泉的文化符号，为历代文人所追慕。遂初者，义遂其初愿，去官隐居，故又谓之“初服”，即当初之志愿。乾隆《题遂初堂》：“周（书）称初服，勤政要始终，楚（骚）称初服，谢政适其身了。二语胥宜味，放卷用不同。”表明乾隆对显明君主的理解：为政须勤谨，要宵衣旰食，谢政能适志，大隐即朝隐，济善兼达，出处自如。乾隆以“书生”自居，号为天下第一书生，也希望自己成为天下第一个能够功成身退的归隐皇帝，希望“勤政”与“归隐”，修身与治平兼具的理想人生在他这里能相得益彰，游刃有余，这恰恰是亘古鲜有的一种圆满功德。

遂初堂的建筑和空间意象以简洁精雅为追求，院内植物惟松竹数株，纯以点缀，不事雕琢堆砌，更无名贵花卉——追求的仍然是一种“不华而华”的朴素境界。遂初堂的一副乾隆御题联对这种空间意境做了较为深刻的诠释。所谓“墨斗砚山足遣逸，琪花瑶草底须妍；屏山镜水皆真宰，萝月松风合静观。”真宰者，自然本性之谓，在此即为天地之道。由片山勺水，足观自然真性，恰如禅语所说的“鼻观”。静观，即静中观，世间万物皆于静观得之。所谓“万物静观皆自得，四时佳兴与人同”。（程颢）底须者，何必，即哪里需要琪花瑶草之点缀，墨斗砚山足以怡情逸趣。这和东晋简文帝的何必（即底须）丝与竹，山水有清音的追求何其相像！这幅对联很好地表达了乾隆对遂初主题的理解。遂初堂院落的空间特质就是要以静为主，静观乃至鼻观，才能悟出天地之间的道，所谓心田净洗全如水，鼻观清芬讵必莲（乾隆《题衍祺门》），底须妍（遣兴何必非要奇花异草），讵必莲（闻见清芬哪里必须莲花），乾隆这一系列的题对都反映出他对倦勤归政的理解，淡泊明志，标举闲逸。大隐于朝，遂其初愿，需要的是萝月松风（明月清风无尽藏）的淡泊朴素，而不是琪花瑶草的富丽堂皇。

↓垂花门抄手游廊立面

从北看垂花门抄手游廊立面，可见二进院布局完全对称。东西两厢于南端出短廊与垂花门倒座相接，垂花门的绛色屏门之前立有石山（屏山），两侧端出两株古柏，各植一丛丁香，游廊虎皮石墙基下各置石座一尊，左右花台各一。布局处处对称，透出的却是端庄大气、温文尔雅的居家氛围而非威严等级。庭院远景可清晰地看到南院古华轩中的古柏翠竹，画面中仅概括表达，寥寥几笔，可以与前景拉开层次。

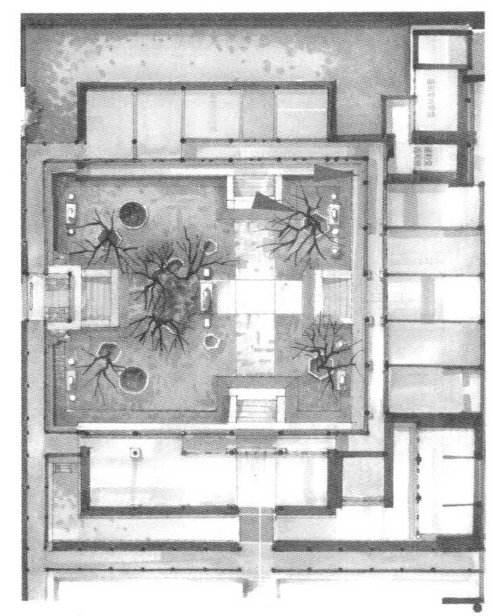

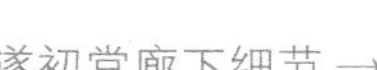

遂初堂廊下细节 →

东西两厢的外檐粘修，支摘窗细节，檐下为苏式彩画。庭院经光绪间重修，纳入了不少慈禧太后的品味，不过，其台基下的虎皮石墙倒是当年原汁原味的乾隆风格。

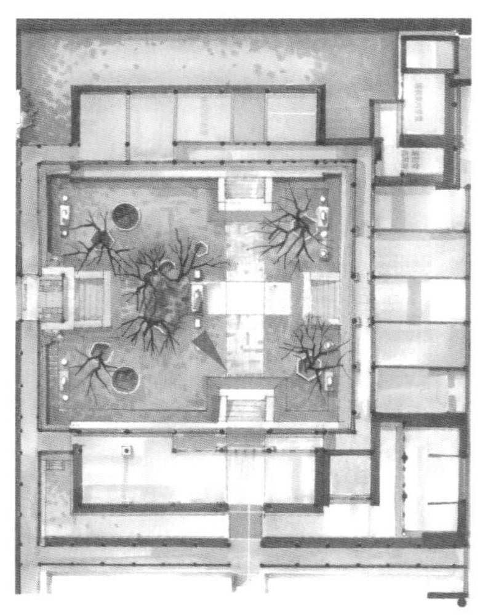

遂初堂正堂 →

从遂初堂下东望，屋宇后透出宁寿宫养性殿华丽的山墙和金色的屋盖，一华一朴，饶有情味。似乎在这紫禁城里建园子，时时刻刻都要有“避喧”、“不华”之类的考量，否则一不小心，那禁城华丽本色就透显了出来。事实上，从人视点上看，遂初堂前的古柏的确遮住了东西向大部分视野，故院中“萝月松风”的感觉还是显得相当浓郁。正堂前对称分布着四个石座和八个花台多少体现出一点点的皇家本色。故宫关门谢客较早，每到四点就开始往外撵人，所以很少有机会感受夕阳下的乾隆庭院，故而每次渲出的画面似乎都是东来旭日的感觉。但这依旧改变不了小院的宁静，试想一下当年，夕阳西下，面对萝月松风、回廊鸽语的幽静，身为天子的乾隆皇帝，那份深深幽居归隐的情怀还是足以令后人钦羡不已。

3 

第二院——遂初堂

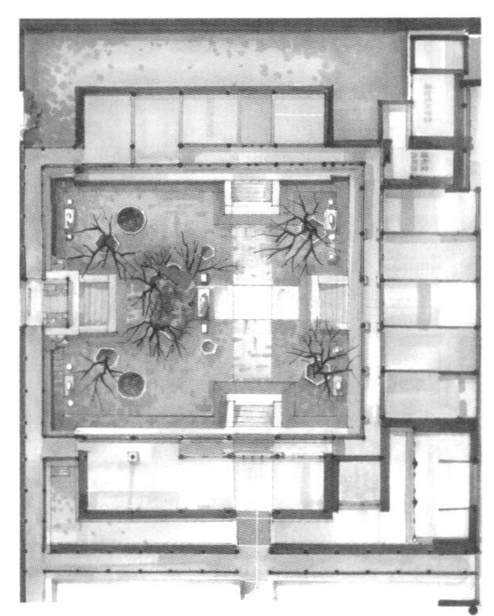

↑→ 垂花门西侧赏石

遂初堂庭园一角

2012.10

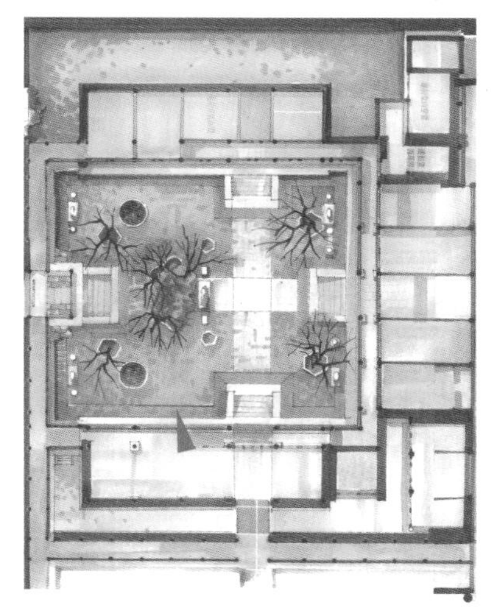

←↓ 宁寿宫花园的铜缸

宁寿宫花园各处皆有铜缸，旧称“门海”，即宫前大海。古人相信，门前设海，则不生火灾。据《清会典》，故宫各类铜缸三百余口，几乎遍布宫殿各处，其功能除了防火，实际已成为宫内各庭院中不可或缺的陈设品。当年的铜缸由内务府的苏拉（杂役）负责担水，保持水缸盈满，以备火灾之用。每至冬月，还要在铜缸外特别加套一层棉套，以防上冻。铜缸下的汉白玉基座里，通常在冬日也会点上炭火加温，防止水体冻结，实在是兼具装饰与功用两方面考虑的巧思了。

萃赏楼

↑ 从大假山看耸秀亭

三院大假山布局外实中空，大山中部有一条巨大的山谷，连络前后两座山洞，体现了“山掩必虚其腹”的古典叠山原则。这条大谷实为小院的“主轴正路”，自南向北与庭院中轴并行。从遂初堂后廊下台阶，直前入洞窟，蜿蜒接深谷，此处山石陡峭直立，顶上仅一线天空；再前行，则进入庭院中心的幽谷，此处悬岩突兀，顶部叠石悬出崖壁达数尺之多，形状可骇。此处四面皆山，只留西南一面稍稍露出空隙，两峰相对，上架天桥。透过这座从巅一越的天桥，则可见延趣楼一角。花园实景中，此处多杂树遮掩，未见其真容，余将杂草蓬蒿一概剪去，唯留建筑与山石相互映衬之境，大体能看出设计者造此一景的构思意象。随着路径转换，山色几乎步步变化，虚实互映，山石间不时漏出点点琉璃构件或各式彩画，又让人真切感受到宫禁园林丰富绮丽的装饰之美。

第三院——萃赏楼

4.1 综述：第三院空间特色

遂初堂后为萃赏楼院落，其北为主建筑萃赏楼，西为延趣楼，西北主建筑之间以转角楼相联络，东区为相对独立的三友轩，位于假山山坳之中，坐北朝南，其东与高大的乐寿堂山墙相连，三友轩西侧为卷棚歇山，而为了能插入乐寿堂西墙檐下，小轩东面特意改成硬山卷棚，一轩建筑，两种顶棚样式，成为宁寿宫花园建筑的唯一特例。

三院是小院大山的典型。院中有宁寿宫花园最大的一组湖石假山，小庭南北约22米，东西仅长14米，面积不足半亩。而假山几乎是沿着小院的建筑边缘堆叠，在延趣楼和萃赏楼两边几乎形成密不透风的屏山峭壁。在东侧三友轩一区稍稍放开，形成一支伸向三友轩的余脉，整体上假山平面南、北、西三面沿庭院建筑边界成方形，东面形成两支高低起伏的余脉，在三友轩南北围合出前后两个假山庭院。从整体布局看，遂初堂以北几乎就是一座巨大的人工石假山，主峰、次峰、余脉、沟壑将数百平米的小院落填得满满当当，恰如一个朱玉满眼的宝盒。宁寿宫花园三座假山庭院，叠石密度和拥塞程度未有出其右者。院中数十株古树几乎都是沿着假山边缘的峭壁山崖和建筑之间的缝隙生长出来，又覆盖于大假山上，形成独特的树石相依，老根盘曲的独特景观。

第三进庭院叠山布局，虽是以满为特点，却美在变化多端，层次丰富。院中叠山峰峦突起，上台下洞，洞壑贯通，虚

实相参，山势雄浑，洞曲玲珑。在极有限的空间里，将虚实、高下、旷奥、明暗对比发挥到了极至，充分体现了计成所谓“多方景胜，咫尺山林”[①]的写意叠山意境。其手法之娴熟，变化之丰富丝毫不逊于江南私家园林假山，而在用石整体性和气势雄浑方面尤胜于后者。此院叠山也因其拥塞而多为后世诟病。周维权先生称之“仰视观赏居多”，“难免有坐井观天之感[②]。”不过，此院峭壁、幽谷、洞隧的丰富组合，又恰恰是因“满”而生色，因繁缛而产生一种琳琅满目的富丽气。

萃赏楼院落整体鸟瞰 →

第三院以“山景”为特色，庭院中央太湖石假山群峰叠起，洞窟婉转，形成有如一院宝奁的繁密布局。建筑沿庭院外侧布置，从遂初堂北廊开始，北接延趣楼、萃赏楼，对庭院三面围合，只在东侧庭院，位于乐寿堂巨大的西山墙之下，沿山坳伸出主题轩堂——三友轩，形成独立一区。从鸟瞰可见，环山布局的建筑另有巧思，样式无一雷同：西北两侧高起为楼，正轴上的萃赏楼屋盖为黄琉璃，绿剪边；西厢稍次的延趣楼反之，用绿琉璃，黄色剪边；三友轩则为黄色琉璃，无剪边，与东侧大体量的乐寿堂形如一组，别开生面。其次，路径多样：延趣楼和三友轩南侧各设单独小院，均与建筑围廊相连，可通达全院，前者饰以竹景，后者为山景石屏；遂初堂北廊下正对主山山径和山洞入口，入院即可由左右廊下和山上、山洞共四条通道进入花园，动线设计变化丰富，计成所谓“涉门成趣”的造园手法，在此得到充分表现。

---

① 明. 计成. 园・冶・掇山. 转引自陈植. 园冶注释. 中国建筑工业出版社. 1988.

② 周维权. 中国古典园林史. P361清华大学出版社. 1999.

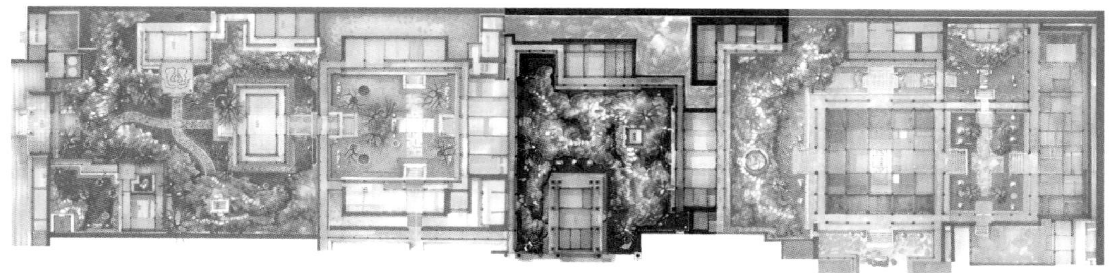

三友轩院落假山全景鸟瞰
2013.7

第三院鸟瞰 ↑

↑ 第三院北立面

↑ 第三院南立面

第三院东立面 ↑

第三院西立面 ↑

4.2　遂初堂后院入口

遂初堂后院与中轴乐寿堂相对，后院东界即乐寿堂西山墙，通过高大的乐寿堂山墙和假山围合形成三院入口东侧一处极为隐蔽的园中园，这个东西向窄长的小院以花斑石游墙划分为东西两部分，东半部与遂初堂明间相对，在正厅、大假山和耸秀亭的中轴线上，与三院大假山山洞相对……西半院实际为遂初堂廊下与大假山余脉形成的哑巴院，空间极为隐蔽，一侧为小门、小墙、小院，一侧为假山余脉横亘，中穿一条碎石小路，将游线引导至三友轩前。

三院入口设计极为巧妙，充分体现了中国造园入门成趣的思想。出遂初堂可向北直入山洞。

向西沿堂下游廊，过一片小巧的花斑石墙，可达延趣楼下小侧院，由此可直入延趣楼；入口西北有峰石玲珑映衬于延趣楼前，此处还有假山蹬道与堂前小院相连，沿蹬道游山；出遂初堂向东，过虎皮石墙，沿着大假山的东部余脉，过一条小山谷即可到达三友轩前院，是为第四条游路。

此处的假山蹬道设计尤其见出匠心，出遂初堂步山石踏跺，两三步即到大假山前，此处山石嶙峋，多采大块湖石横叠，气势连贯，山径蜿蜒陡峭，视线直上落于延趣楼二层，蹬道之前有一座特置太湖石，峰石瘦削挺拔直上，空穴玲珑剔透，因其位置独特（位于山半，楼前）而形成遂初堂后院入假山前的对景。此处环境恰如计成《园冶》所云：伟石迎人，别有一壶天地。而若于遂初堂室内或檐下观此山石点景，则更能悟出计成所说的山石框景之妙处。

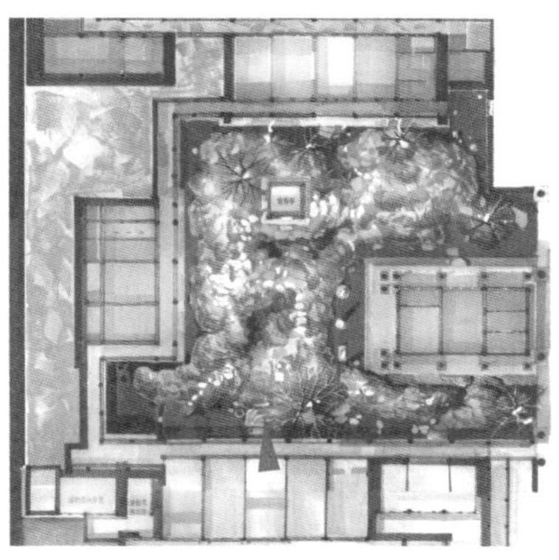

↑ 从遂初堂入口看延趣楼

从遂初堂南入，开门见山，登山径可达延趣楼二层。此角度可以清晰地欣赏到乾隆盛期假山横向堆叠、勾连环套的技术特征。此外，山径宛转之处有一主二次的太湖石石组，为北方少有的湖石佳构。延趣楼外檐粘修亦颇多特色，檐下梁枋安苏式彩画，外檐倒挂楣子，下设扶手游廊，绕建筑东、北、南三面。双层廊道均与萃赏楼相通，沿二层廊道可从西北两面观赏园林假山。延趣楼内装饰多用瓷片镶嵌，堪称宁寿宫花园的“瓷宫”。

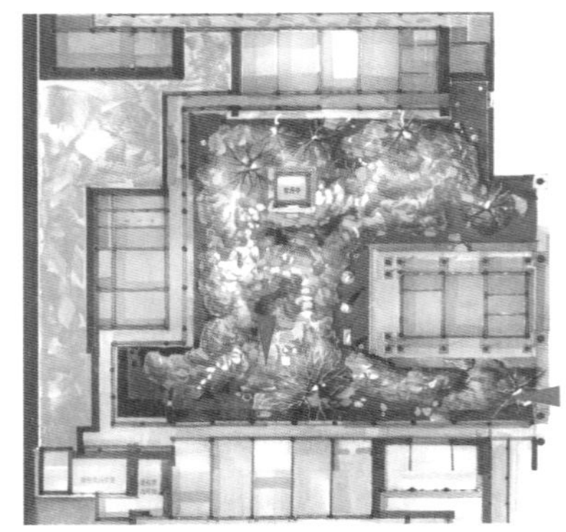

大假山下的瓶门 →

从遂初堂后门入花园，沿假山右行，通过此瓶门可直达三友轩前。沿途皆石壁峥嵘，石山与建筑檐廊之间仅余不足一米的狭窄通道。此墙之设将假山下原本狭长的巷道一分为二，内外环境氛围迥异。门外群峰涌起，气氛喧闹，门内则浓荫匝地，分外幽深，中国古典园林假山有所谓“一喧一寂”之说，此为一例。

↑ 通往遂初堂的山径

登上大假山，从北面回望遂初堂似乎更能觉察到那份“萝月松风”的隐者气质。事实上，通过这一组体量巨大的山石和石桥，北望视线可直达遂初堂绿色的琉璃屋顶，西望则可见延趣楼露在假山上的二层立面，二者各有情味，皆是在满山奇石之上，皴擦出精美的琉璃屋盖。但人于山间则见山石如堆云积雪，山石之上松柏参天，绿萝蔽日，透出浓浓的山野隐居氛围。

↑ 从瓶门东望三友轩

出遂初堂北檐之下可见此景。从精致的虎皮石矮墙之上透见东院乐寿堂巨大而精美的山墙装饰，三友轩在巨大的山石后面只露出屋檐翼角。此处庭院最重要的景致恰恰变成了建筑的屋角构件，仙人、走兽、巨大的鸱吻几乎都成了庭院的装饰，一丛新篁争奇斗艳，从山石和古柏的巨大浓荫之中脱颖而出，显得熠熠生辉。此种庭院景致，确为他处少有。

4.3 延趣楼

大假山之西的延趣楼上下两层，面阔5间，进深3间，绿琉璃卷棚，黄色剪边，门窗栏杆采步步锦形式，室内装修以瓷片镶嵌和竹丝镶嵌工艺为特色，做工精美。延趣楼坐西朝东，与山坳中的三友轩相对，楼前是大假山结构最为繁密厚实之处，假山贴楼而建，高度达到建筑腰檐处，楼下厅堂面对山崖，坐客于室内欣赏山景，只能见到满目苍翠，却无法仰视山顶，登楼则可鸟瞰全山景观，上下之间景观空间意境截然不同。延趣楼初建时，有天桥从假山之巅直通延趣楼二层，其形式应该与现存萃赏楼和云光楼的二层小石桥类似。嘉庆年间，天桥拆除，这种“从巅架以飞梁”，山下房廊暗度的立体交通形式不复存在。

乾隆《题延趣楼》，谓“假山真树友忘年，远隔红墙夏飒然”。表明了这座建筑的主要功能是造景和遮挡西侧高大的宫墙，并道出了用“假山真树”在建筑庭院中营造自然意境的思想。大假山与延趣楼的不足一米的间隙里植古柏数株，彷佛从石缝中生出，为建筑和假山带来蔽日浓荫。乾隆在题后小注中说，“大内皆黄瓦红墙，夏日睹之愈增炎热，惟此间树木繁荫，遮隔红墙，便觉爽趣飒然。”说明此处的树木还有遮挡红色宫墙，创造自然山林意境的功能。

延趣楼下设折廊与遂初堂前廊相连，房廊转折之处形成一座小巧玲珑的院落，院落以虎皮石墙与主庭院假山分开，沿墙叠山，余脉散点，攒三聚五，撒落于小院之中，园中植箸竹数竿，夏日为小院带来片片阴凉，实为避暑休憩之佳处。乾隆《延趣楼自警》称之“飒沓松竹影，胥足助心会”，表明对这种松竹相间，浓荫飒沓的院落环境之喜爱。

←↑ 延趣楼下的小竹院

三院西南角有竹园一区。一圈廊庑，两丛箬竹和一弯虎皮石墙构成这仅仅 20 平方米的小庭院。小院内部空间除了无处不在的光影和几株湖石外，几乎见不到任何专门设计的“园林”景致。但细看之下，粉墙之上，处处都有淡墨竹影，恰如板桥小品；坎墙之下的木雕也做成丛丛翠竹，虎皮石矮墙用银锭纹琉璃盖顶，其下错石，石间种竹，处处显出自然幽静的轻松氛围。止息其间，洋洋焉，踽踽焉，实更无他求。息游、倦勤之主题，在此被充分点化出来。

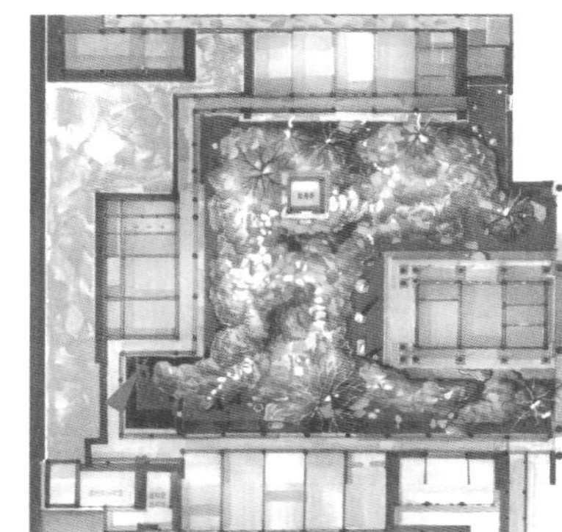

↓ 延趣楼下的小竹院

↑ 从大假山看延趣楼下小院

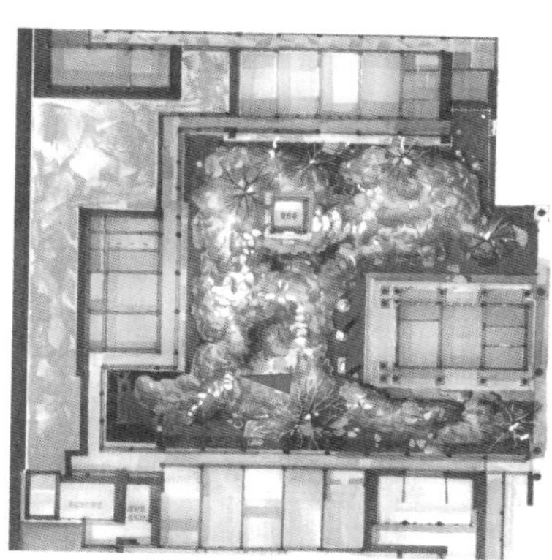

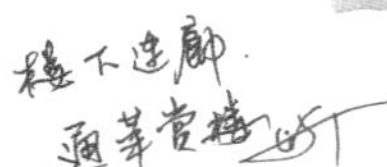

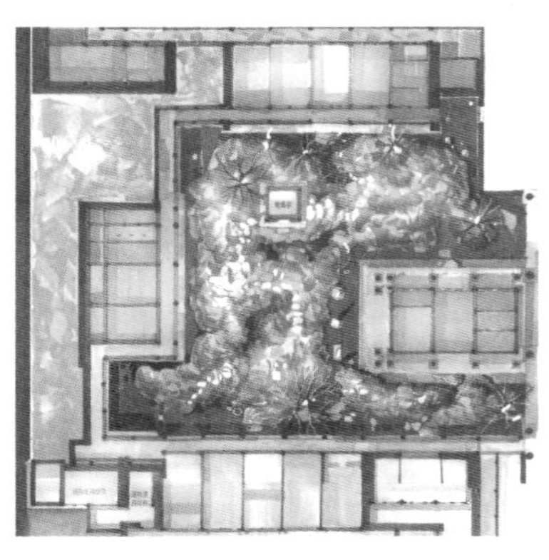

↑ 延趣楼下一角

三院西北廊下，此一段廊庑极为逼仄，空间转换几乎没有任何辗转腾挪的余地，只依靠一段如腾云升起的湖石山崖收住大假山，张南垣所称大山一角，“石脉奔注”的形式，在此找到了最佳范本。因为有此一段趣味，几乎无人再去留意这廊子实际已经到了院子的死角，所有的视线都被引向假山山径和古柏，引人移步庭前，转入登山远眺的一段景致。在翠赏楼廊下仰视大假山，则山崖高不见山顶，更觉石壁有万仞之势，此处是一院假山中自然山林气息最浓郁、最适合静思修身之处。低调的奢华，城市的山居，大隐之气油然而生。

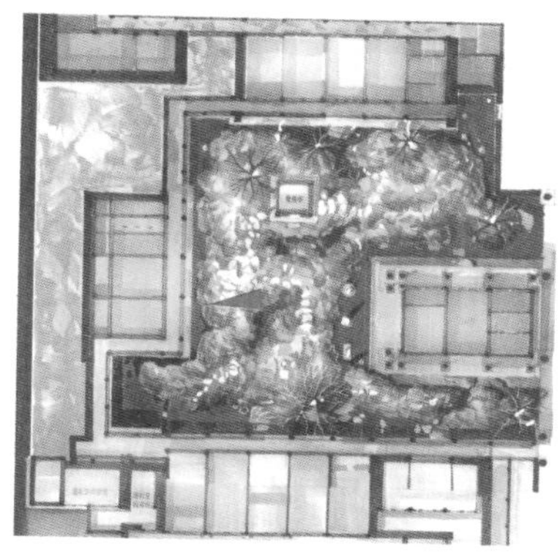

↓ 延趣楼前的古松

高度人工、装饰极繁褥的檐口装饰与粗犷自然的假山结顶石相互映衬，此间古松、石桥是由山林入宫殿书斋的最好的路径，可直达玉壶冰曲尺楼。石桥于嘉庆年间被拆除，今日虽只能隔山相望，亦颇富情趣。

延趣楼簷貌（由萃赏楼视下）.
2012.10.

趣楼旧貌

4.4　三友轩

宁寿宫花园三友轩位于大假山东南山坳处，为黄色琉璃卷棚三间，座北面南，前后皆有假山围合，形成三院景物中相对独立的一处庭院。三友轩东侧与中轴乐寿堂西山墙相连，屋顶东部因紧邻乐寿堂西廊而改歇山为硬山式，西边仍保留歇山式，形成三面出廊，其屋顶构造形式在整个紫禁城中为仅有的孤例，充分体现了园林建筑的灵活性。三友轩庭院景观和室内装修都以松、竹、梅岁寒三友为主题。三友轩内圆光门罩以竹编为底，装饰以紫檀透雕松竹梅，罩上竹叶以玉片镶嵌，作染玉梅花、竹叶，象征岁寒三友，工艺堪称卓绝。西次间西墙辟窗，以紫檀透雕松、竹、梅纹为窗棂，雕刻精雅。

"三友"典出孔子《论语·季氏》："益者三友，损者三友。友直、友谅、友多闻，益矣；友便辟、友善柔、友便佞，损矣。"用以比拟君子，称为岁寒三友，亦称"三益"，《园冶》中所谓"地偏为胜，径缘三益"亦由此而来。以岁寒三友为主题，其命意借用汉族文人历来标榜的松竹梅文化意象，喻刚直不阿，虚心有节，凌寒绽放，也是以汉族文人领袖自居的"书生皇帝"乾隆表明自己对儒家思想和汉族文人雅好节操的一种认可与服膺。乾隆《三友轩诗》（题建福宫三友轩）："乔松恒落落，新笋已亭亭。唯是梅子候，无妨通体馨。允宜诗著句，况有画传形。即景思三益，堪为砥锡型。"清楚地表达了对三益文化的认可与身体力行。事实上，同期乾隆搜集的许多绘画作品也都与三益文化相关。据《石渠宝笈》，乾隆十二年御题《三友轩》（建福宫三友轩）指出，三友的典故出自孔子，唐人白居易以琴、诗、酒为三友，宋人苏轼以松、竹、梅为三友。而自己广为搜集的松竹梅绘画，则是对这些汉族文人精英秉持的三友思想最好的认同。①

乾隆一朝以三友轩为名的建筑共有三处，除了宁寿宫花园

---

① 据《石渠宝笈》乾隆十二年御题《三友轩》（建福宫三友轩）："三友之名始宣尼，直谅多闻益德资。香山取譬琴诗酒，放达翳非余所师。独有玉局称正见，直号植物松竹梅……十八公的云西笔，海粟长赋留雄辞。君子林称真定论，国子博士小篆题。更爱梅事合元宋，小清秘物传今斯……"

的这座以外，还有乾隆七年的建福宫三友轩，乾隆十年的长春园三友轩（前者毁于 1923 年火灾，后者则毁于英法联军，唯有宁寿宫花园这座三友轩保存至今，故弥足珍贵）。建福宫三友轩因收藏有曹知白《十八公图》、元人《君子林图》、宋元《梅花合卷》，故在轩窗之外种植松竹梅。乾隆《御制三友轩》云："妙迹缘收益友三，名轩聊复助佳谈。讵惟笈里古香挹，更爱窗前生意含。触目无非远尘俗，会心皆可入研覃。几余适足供清赏，广厦千间忆辄惭"，表明乾隆营造建福宫三友轩的动议。乾隆中期营造的宁寿宫花园一仍其旧，仿建三友轩于园中，足以证明乾隆对三益文化的痴迷几乎贯穿其一生。

乾隆帝历来就爱竹、爱梅，他六下江南，每次皆到访苏州香雪海。《乾隆四年御制养性殿古干梅诗》说："为报阳和到九重，一楼红绽暗香浓。亚盆漫忆辞东峤，作友何须倩老松？鼻观参来谙断续，心机忘处树春容。林桩妙笔林逋句，却喜今朝次第来。"作为"第一书生"的乾隆皇帝对于梅花的欣赏爱慕近于痴迷，历史文献对此多有记载。从乾隆初期建福宫到乾隆中期的宁寿宫花园，乾隆宫苑中先后出现了一大批以竹子和梅花欣赏为主导的庭院。虽然这两种植物均生于南方，在北方宫苑中极难成活，乾隆时代花费巨大人力物力，在半人工状态下培植成活了大量露地生长的梅和竹。建福宫花园碧林馆，窗前种竹；建福宫三友轩植松、竹、梅；宁寿宫花园仿碧林馆建"竹香馆"，亦种竹若干，古华轩亦有竹，嘉庆帝《古华轩》诗有"密荫石栏曲，清连竹径斜"的描写；宁寿宫花园中的三友轩样板源自建福宫三友轩（凝晖堂），根据乾隆对三友轩的景观命意，其轩外围的南、北、西三小院在乾隆时期，应该有松竹梅点缀庭院。不过，由于种植条件限制，现存宁寿宫花园三友轩庭院中松（柏）犹存，而梅竹难成，今存于西院落假山前的两株丁香皆为后来补种，似以丁香代替梅香。

乾隆不仅爱梅、赏梅，而且对于在北方培育露地梅花亦颇有心得。北方宫苑中梅花越冬极难成活，乾隆时期为满足皇帝"痴梅"之癖，内务府不惜工本，用竹棚梅花罩以及人工加温等方式，培育露地梅，乾隆四十七年内务府的一份奏折就汇报了皇家奉宸苑官员为"粘修宁寿宫花园、建福宫等处梅花罩十座"而领用毛竹之事例，时为宁寿宫花园建成后五年，应该是

为培育露地梅所用。建福宫静怡轩、凝晖堂等处，有露地梅花栽植的记载。

乾隆的诗文中曾提及露地梅的栽植和陪护方法，“庭前梅树二株，不事熏然，只以旃（毡）棚护之，已蓓蕾而未花”(《日下旧闻考》卷九)。露地梅花越冬需搭暖棚密封，解冻后把棚拆掉。乾隆有言，“棚梅不攻火，发却后江南”，说明，由于露地梅花不能按花期开花所以宫里还培养了许多盆栽梅花，为初春时分萧寂的清宫带来无限生机，前述乾隆《撷芳亭》诗中的“殿里梅”，当属此类品种。这种“殿里梅”实为置于暖洞之中，人工熏开的盆梅。此外，宁寿宫花园阅是楼的楹联为“日长莲漏三阶正，春到梅花合殿香”，乐寿堂楹间有“土香阶草才苏纽，风细盆梅欲放花”，也多次提到这种富于乾隆特色的殿里梅，即盆梅。

三友轩入口假山→

三友轩前是又一段“错中”法式的山屏。西侧山崖在前，东侧退后，两山相错，仅余六、七十公分的狭窄道路，山崖交错间形成对三友轩正门的框景。一株古柏衬于山石之后，将乐寿堂巨大的山墙完全遮挡，一株丁香，三两赏石，便在轩堂前熟练地构成一方独立天地，闹中取静，别有洞天。三院布局以满为特色，但在山石腾挪之间，仍然规制出三、四处类似别有洞天的小庭，此为其中之一。

三友軒

三友轩与乐寿堂 ↑

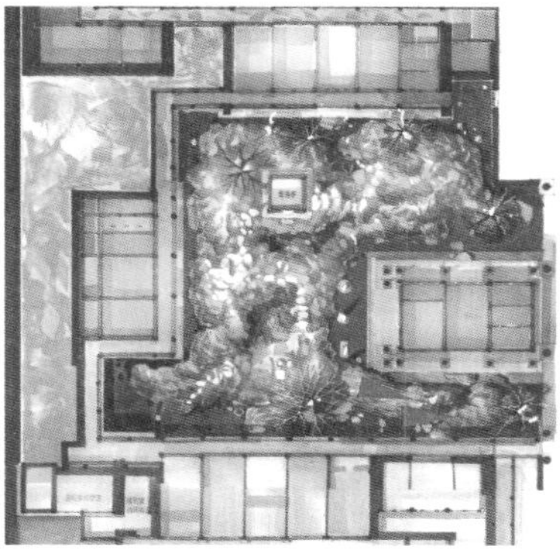

三友轩与乐寿堂 ↑

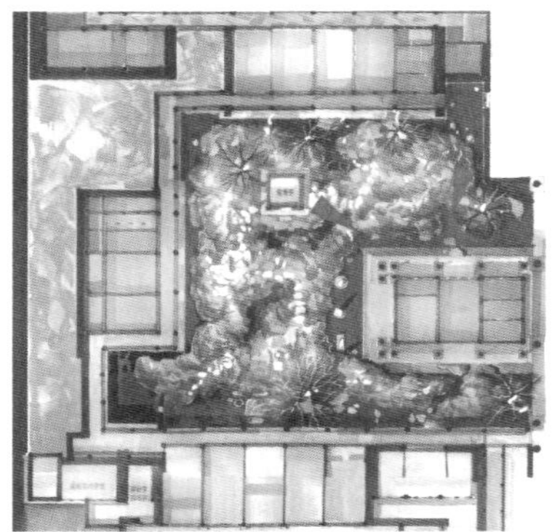

从耸秀亭下望三友轩后院 ↓

三友轩后院

2012.10

↑ 三友轩后院

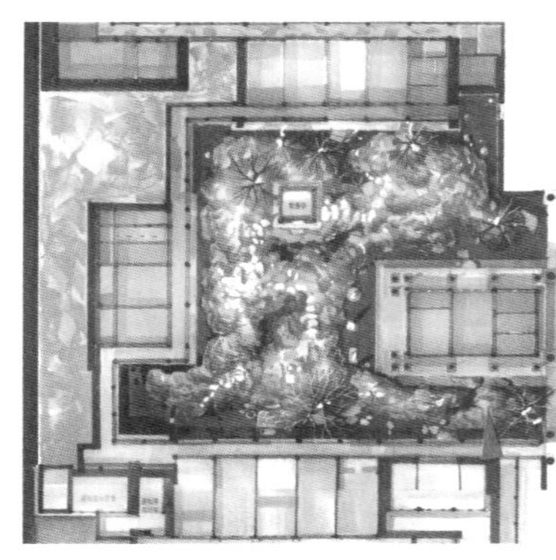

↓ 三友轩入口

转山屏入三友轩小庭，举目可见乐寿堂。三友轩在建筑设计上因势利导，设计了一侧歇山、一侧悬山的古建特例，其东山墙直接插入巨大的乐寿堂檐下。如此，建筑、山石便共同围构了一个三面包围、一线相通的独特空间。

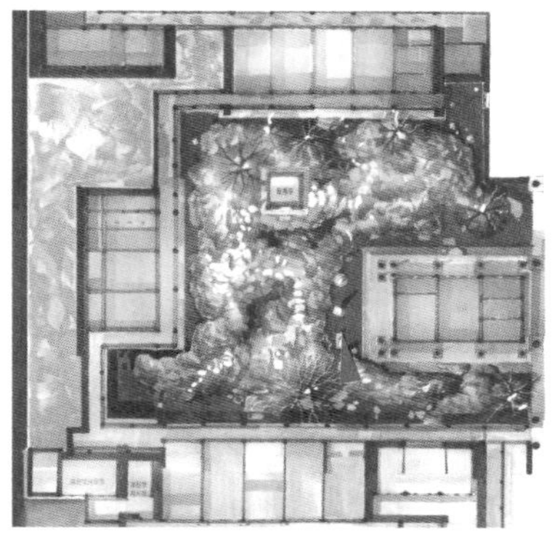

↓ 三友轩西侧院

小院西侧的石台上置锦川石笋，长达 4 米，秀出大假山和三友轩之上，为他处所无。庭前原植露地梅花数株，与院中古柏翠竹合称“三友”（古文中柏树即指松，抑或松柏混同）。今露地梅树不存，改植丁香代之，风致稍减。

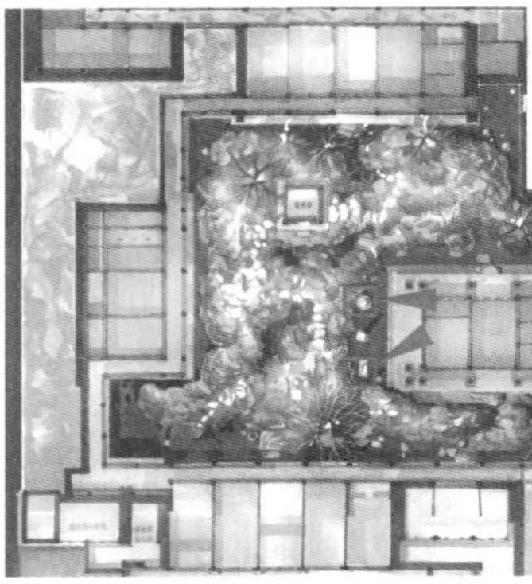

三友轩前灵璧石特置 ↓

三友轩外陈设，
灵璧石 2012.10

↑三友轩前赏石

4.5 大假山

萃赏楼院落东、西、北三面为高大建筑所围合，庭院空间仅半亩左右，假山并无太多回旋展开的余地，故假山布局以聚为主，起首沿延趣楼下至北部萃赏楼以东，一色叠成悬岩峭壁假山，在东区稍稍放开，形成南北两路余脉，均收尾于大体量的乐寿堂西檐下，形成对三友轩园林的完整包围。小院虽只有半亩，但叠山形式颇丰富，屏山夹峙，幽谷、洞曲环绕和蹬道回环，变灵动，主山、余脉的布局井然有序。山势由东南向西北逐渐增高，主峰突出于西北一角。下临绝壁，气势极为险峻。假山结顶处以散点手法，沿山道叠峰石数块，起伏交错，与耸秀亭主峰遥相呼应。

山道设计以近求险，峭壁沿沟谷而设，高下对比极为强烈。崖壁理法也颇有特色，西北两面均作石壁，崖下内收，出脚很小，上端巨石层层外挑，且多用巨大的湖石，前悬后坚，加之内衬铁件补强，外挑最大处可达两米，呈惊险骇人之状。清代中期以后，在江南园林中这种悬挑做法开始普及，但规模较乾隆宫苑叠山为小。乾隆宫苑叠山的大幅度挑飘，在于用石用料之大为他处少见，三院满山皆可见到寻丈之石，一色横云层次叠压。假山多用铁件连接加固，而且用料很大，配合传统的前悬后压技法，再用铁扁担连接，用铁挑梁作悬臂支撑结构，铁件补强手法十分成熟，技术手法趋于实用简洁，故可数百年不颓。

延趣楼下于主山“山腹”处，设计了大型假山涧谷，上架飞梁，形成深山大壑的意象。山谷以峭壁夹峙，形如一线天。峡谷窄处往往不足一米，高可达六七米，形成极度上仰的视角，人在谷中行进，几乎看不到假山顶部，但近人处山麓石根错落，与古树相互缠绕，形成极为深邃幽静的山谷环境，符合“近观质，远观势”的叠山原则。

此山还是半喧半寂之山的典型。假山西北隅为全局高潮，岩崖森耸，“仰视不能穷其颠”，山顶更置耸秀亭，为全园轴线之转折点。东南则渐渐收缩形成余脉，散点等开法。山势由急到缓，气氛由喧到寂，空间也由旷入幽，变化节奏与庭院空间

从大假山东北角北望符望阁院落 →

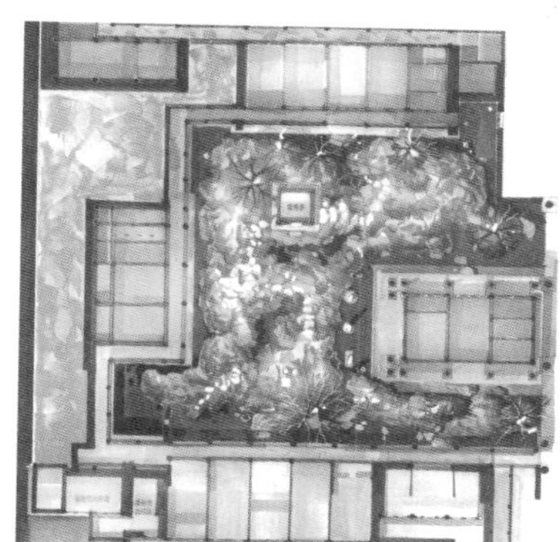

的变化极为合拍。上台下洞的巨大假山还与建筑充分结合，形成了丰富的交通联络和双层立体的空间结构。

萃赏楼庭院布局处处皆密实，唯“三友轩”一区，作疏散状，由谷道折入三友轩院落，大有桃源溪口，别有洞天之感，空间气氛变化极为强烈。加之山谷内古树参天，张盖如幕，极尽亏蔽掩映之能事，有效地屏蔽了东区的乐寿堂等高大建筑的影响。三院虽只“半亩营园”，却大有“多方胜境，咫尺山林”之势。乾隆《题萃赏楼》，金界楼台思训画，碧城鸾鹤义山诗，很好地表达了这种以繁密为特色的金碧山水意象。思训画，即大青绿山水与金碧楼台的富丽形成呼应。

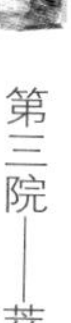

↓ 从耸秀亭内南望大假山

从山顶小亭南望，居高视下，几乎可以看到整个紫禁城的东南区。不仅东邻的乐寿堂、养性殿可一览无余，东筒子西侧的奉先殿、康熙景仁宫等宫殿的屋顶亦历历在目。画面下角题放翁诗“常倚曲栏贪看水，不安四壁怕遮山”句。正所谓，亭空无一物，坐观得天全。

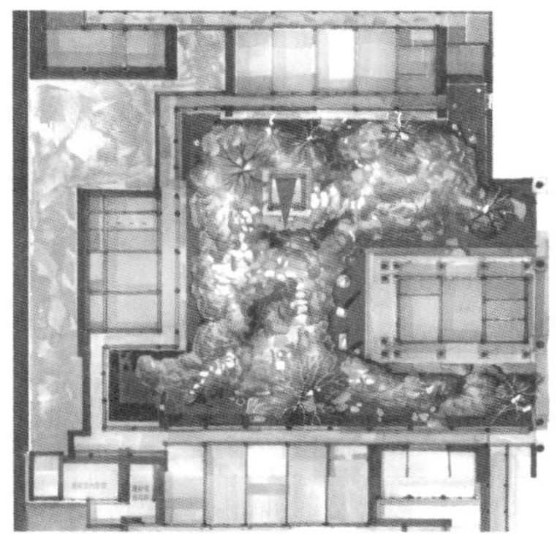

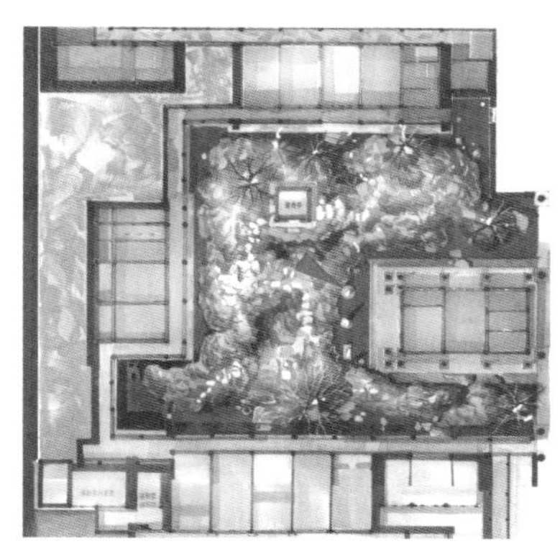

← 从大假山东望三友轩

自耸秀亭下，沿蹬道折而西，可直达主山深谷一侧，由此向东，隔巨大的石梁可见山坳之中的三友轩屋盖和山谷中升出的巨大石笋。主山余脉在此转向东南，如蛟龙盘桓伸入山谷之中，直达乐寿堂西檐之下，形成如卷云，如灵芝一般的美丽结顶。山径两侧古柏多姿，偃仰有致，洁白的石组，特置湖石点缀其间，形成了色彩对比分明、错落有致的山顶轮廓。此处视线可一直延伸至东院畅音阁大戏台，为大假山又一绝胜处。

大假山细节→

延趣樓東立面

2012.10

4

第三院——萃赏楼

大假山上石桌与古柏 ↑

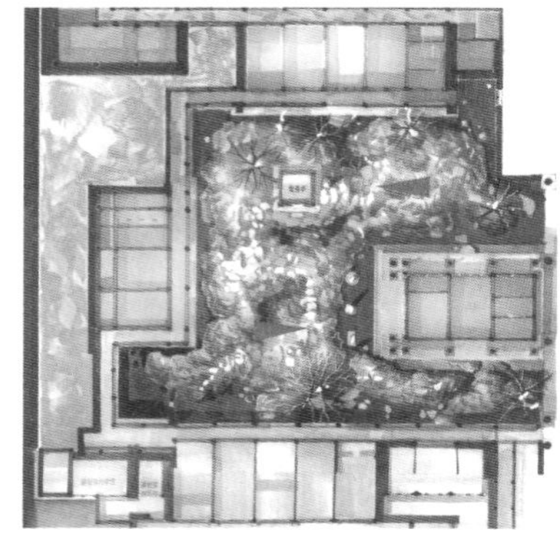

耸秀亭下太湖石峰 ↑

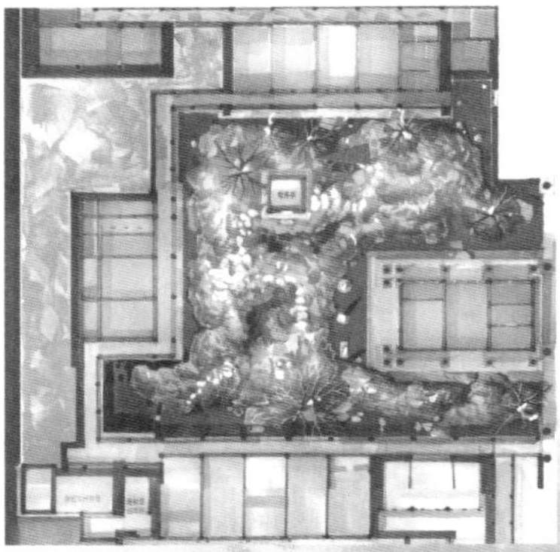

↑ 耸秀亭全貌

4.6 耸秀亭

耸秀亭北侧下临绝壁，气势极为险峻。假山结顶处以散点手法，沿山道叠峰石数块，起伏交错，与耸秀亭主峰遥相呼应。山道设计以近求险，峭壁沿沟谷而设，高下对比极为强烈。崖壁理法也颇有特色，西北两面均作石壁，崖下内收，出脚很小，上端巨石层层外挑，且多用巨大的湖石，前悬后坚，其状骇人。亭东沿山径转折设置太湖石特置，面面可观，形成面向耸秀亭、萃赏楼和三友轩三个方向上的对景。

4.7 萃赏楼

萃赏楼院落西北面叠山体量最大，建筑物也最多，是布局中最密处，足可谓撑满全局，密不透风。山崖与楼檐距离仅一米左右。站在廊檐之下，楼山之间是一线天状。观者无任何后退余地，距被压缩至极限。下视岩底，唯见巨石盘亘，老根虬曲。由山顶耸秀亭，凭高视下，则如临深渊，颇为险峻。如置身岩下幽谷之间，仰视则不见其顶，虽只数米之山（最高处七米），却有万丈之势。这种“以近求高”的叠山手法即李渔所谓，“使尘客仰视，不能穷其颠末，斯有万丈之势。”

萃赏楼前后假山均有洞隧联通，用峡谷、山径、山洞组合连属，形成上下交错的立体通道。山洞前通遂初堂后接萃赏楼，前喧后寂。“一出一入，一荣一凋，徘徊四顾，若在重山大壑，深岩幽谷之底。”假山洞内变化尤多，利用不同形式的孔洞，形成忽明忽暗的洞内采光。人行洞内，又可籍以外望。“招云漏月”，“罅堪窥管中之豹”等理论，在此叠山中运用极为成熟。乾隆将这一带的山色风光归结为：“四周应接真无暇，一晌登临属有缘”，充分反映了这种以繁密为特色的景观意境。

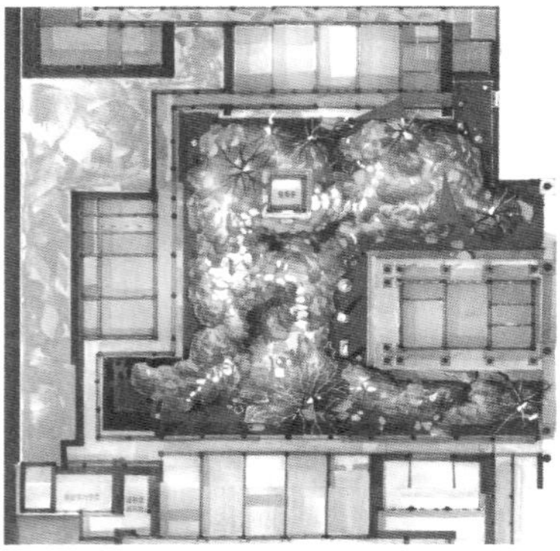

↑ 从大假山下望萃赏楼

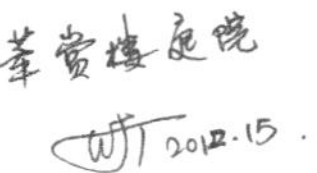

↓ 从三友轩看萃赏楼一角

三友轩后院有小径直达萃赏楼，山石堆叠形如高墙，结顶处只留萃赏楼华丽的檐角。其山为碎石拼缀，精工巧做，形成如仙掌、灵芝一般的外形，令人玩味。于此处观屋角外檐装饰分外清晰，屋角发戗、举折、甩网椽头及琉璃角兽在这超低的视角下，装饰特色毕露无疑，所谓“如翚斯飞”，信不虚也！

从延趣楼廊下看萃赏楼（西南角）↑

↑ 耸秀亭西侧特置赏石

此石位居显要，立于小亭一侧的山道转折之处，为乾隆时代特有的北太湖石孤赏案例。石峰体量硕大，形态敦厚，石面大孔小穴相互连贯，亦别有情谊。乾隆对房山石有“物遇其时当自显”的评价，认为房山石的造型虽不如南太湖石一般妖娆多姿，但用对地方，也仍有它硕大雄伟的妙处。乾隆时代大造园林，同时又由皇家带头掀起一股以房山石为美的审美潮流，如此便巧妙地避开了北宋花石风潮对东南民间的袭扰，清代皇家造园在这一点上远远高于北宋。清高宗强于宋徽宗之处，不在于文章，不在于品味，而在于理性。乾隆用石如用人，其理性之光，可谓震铄古今。其下列举数尊赏石，或取之北海西苑（高士奇《金鳌退食笔记》有记载），而更多者，则是采自京郊房山。今观其园林假山，山形石性，造型之美分毫未损，而其采集过程恰如乾隆所说，“不动声色待近取”，堪称明智。

↓ 三友轩前巨型石笋

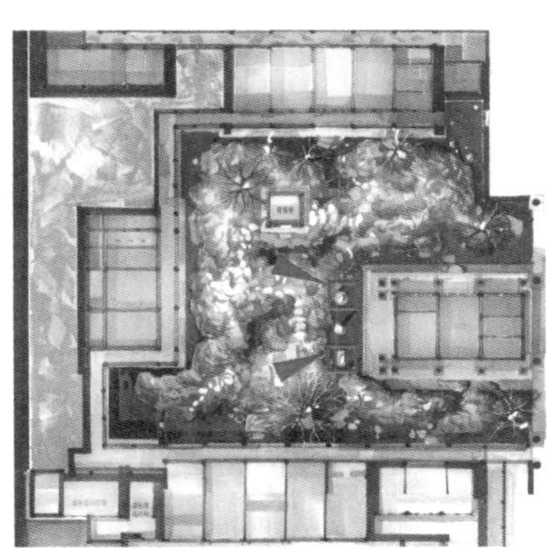

灵璧磬石之音，金振玉声，为乾隆素爱，宁寿宫小花园、倦勤斋等处均有（景福宫、遂初堂、三友轩、竹香馆皆多此石陈供）。此石形似山形，空洞内连，环环相扣，色如墨玉，声如磬，其质沟壑纵横，乾隆以御书“天下第一石”呼之，其名盖彰，所谓：如虬如凤，如鬼如兽，峰峦丘壑，苍然高古，俱出于一石，灵璧于此，尤显出中国赏石文化所求之色、质、纹之美。

耸秀亭前赏石 ↓

“石分三面”。此为三友轩院落最具特色之峰石，可谓面面可观。尤其正面，面向登山磴道，千窍百孔，尤能反映北太湖（房山石）“大孔小窍尽灵透”（乾隆）的意境。

此一峰成景者，耸透亭东西两侧皆有，其他三院亦然，盖能反映乾隆时期叠山的一种成熟风格，此仅举一例说明。

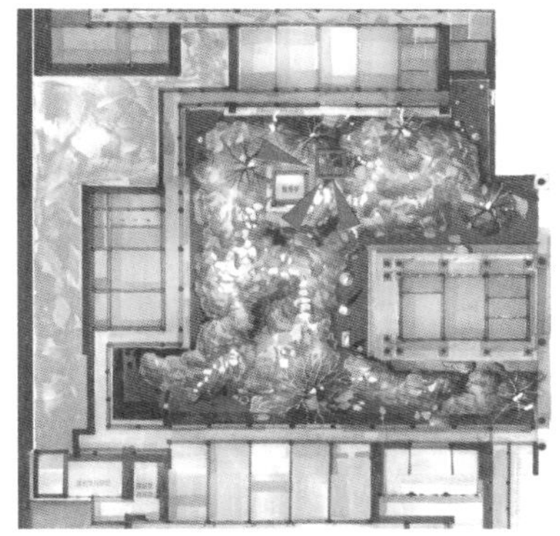

耸秀亭前的太湖石面面观↓

三友轩后院叠山↓

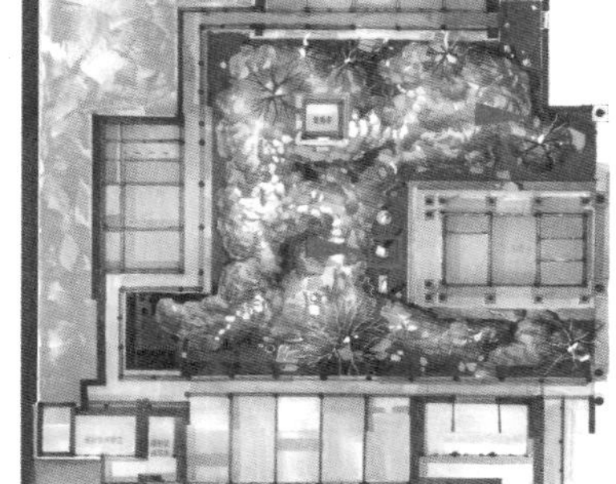

三友轩赏石↓

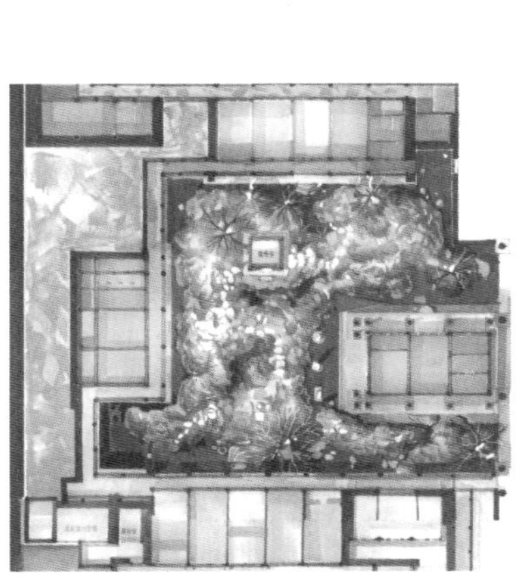

↑ 三友轩建筑细节

三友轩屋顶东西异形，西侧歇山朝外，东侧改为悬山，直插入乐寿堂廊下。这一不对称屋盖，似为中国园林建筑的孤例。几乎可以肯定的是，当时的造园师在设计三友轩烫样时，发现了这一尴尬局面，即先期建成的乐寿堂硕大的山墙，对于小巧的宁寿宫花园庭院而言几乎就是一座大山。此处无论是用围墙、隔屏、围廊还是大树，都不可能把这座“山”挡在视线之外。既然无法挡住，那就把三友轩插进乐寿堂“体内”，使二者融为一体！这一变实在是石破天惊，从建成效果看，三友轩恰恰变成了乐寿堂的“一厢”（尽管二者实际互不相通），加之这一小轩身处山谷，与他处并不相连，则三友一区则更像是乐寿堂的一个附属。从画面看，三友轩的屋顶乐寿堂檐下的梁枋雀替几乎是融为一体，不分彼此，形成互相映衬的装饰效果。

符望阁

↑ 符望阁屏山鸟瞰图

以符望阁为中心的第四庭院，整体上被中心楼阁分为南、西、北三大部分。南区庭院以萃赏楼、云光楼（养和精舍）和颐和轩东大墙三面围合，形成封闭的面向符望阁的屏山院落；西院玉粹轩与符望阁相对，形成独立空间；北院以竹香馆、倦勤斋为中心形成独立空间。三个独立小院皆有多条通道相互联络，形成回环四达的空间变化。南院出云光楼，萃赏楼北廊，各有一座汉白玉小桥与北庭院主山和西院玉粹轩相通达；屏山两侧亦各有山径可通符望阁庭院。此外，从三、四院空间整体看，由延趣楼到萃赏楼、云光楼各部分皆有空中廊道相通（原设计中延趣楼亦有伸向三院假山的汉白玉桥，于嘉庆年间拆除），实际在后两大院落中，利用假山和楼阁廊道形成了空中和地面双层立体的路径系统，人行其中步移景异，空间变幻异常丰富，堪称“涉园成趣”的设计典范。

5

第四院——符望阁

宁寿宫花园第四院在形式与布局上大量仿照乾隆初期的建福宫花园样式，两座花园的主要建筑几乎可以一一对应：符望阁仿建福宫花园延春阁（“层阁延春霄”）；倦勤斋仿敬胜斋（“敬胜依前式”）；玉粹轩仿凝晖堂；竹香馆仿碧琳馆；养和精舍仿玉壶冰；景福宫仿静怡轩；梵华楼仿慧耀楼对；甚至宁寿宫后寝正门养性门也是仿建于建福宫花园正门存性门。宁寿宫花园第四进基本是将早期的建福宫整体复制再现于花园序列末端，这既是对其早年园林实践的深化，又体现对少年时所居西五所的某种眷恋之情①，其发祥之地与归政倦勤之所在形式上的前后呼应，也似乎应和了乾隆对于那种在治平、修身之间游刃有余的圣王之道（虞舜、唐尧盛世）的追求，和一种前所未有的功德圆满的回应。

乾隆称这种仿建是“仿前制加崭新”，即仿中有创，恰如他对江南园林的模仿，是“略师其意而不舍己之长”。就第四院现状看，乾隆的提法无疑是符合客观状况的。宁寿宫花园只在最后一院集中仿建建福宫花园样式，其余三院则大多取法于江南园林，大大加强了山林花木等自然要素的比重，整体风格已经从建福宫那种单一的富丽庄重走向多元化，即便是位于相同布局上的元素，如假山山亭，建福宫花园的积翠亭为方形攒

① 乾隆即位后对其早年做皇子时所居西五所进行了大规模改建，起于乾隆四五所，重华宫建设。改建三所，使附属重华宫（头所在乾隆三年，改为淑芳斋，成为宫中最早的戏台）乾隆四年下谕，拆四五所改建建福宫，七年完成。其中，西头所为乾隆少年居所，后改为淑芳斋。

尖，形式简单，而宁寿宫花园碧螺亭则改为五瓣梅花形，形式和装修手法都更接近于江南园林的细腻精致风格。在建福宫1923年罹难之后，宁寿宫花园作为乾隆盛世造园最完整的实物遗存，最真实地反映了中国园林集大成时代所达到的艺术成就，既是乾隆一生最成熟的作品，也是一个时代最成熟的典范。

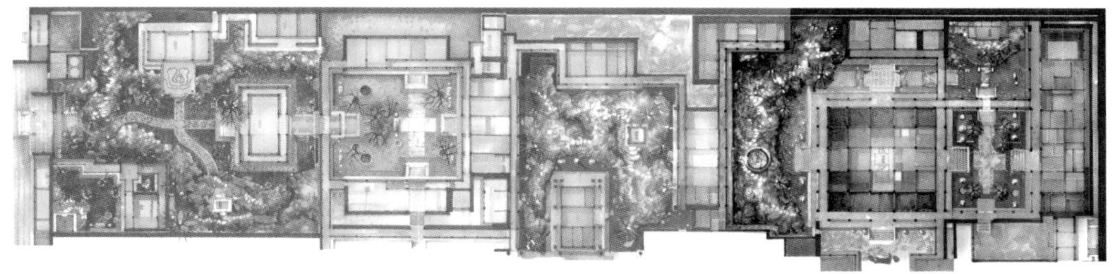

↑ 符望阁庭院北立面

云光楼、碧螺亭、大假山形成丰富多变的庭院天际线。以南庭屏山为空间骨架，利用峭壁与山峦结合的山体气势，假山余脉向西伸入颐和轩大墙之下，向东延伸至养和精舍楼前，至汉白玉小桥附近直下而为壁山，余脉直达玉粹轩。面对符望阁的中部山屏被刻意斩断为峭壁，高达6米，多设悬岩，与两侧余脉相映成趣。此山屏距符望阁廊下不过两三米，通过压缩视距，以近求高。人于室内观赏，只见满园山屏而不见山顶，恰如李渔所言“使坐客仰观不能穷其颠末，斯有万丈之势”。大院为山，小院作屏，在清代中期，这类成熟手法几成定式，在园林中的运用相当娴熟。

↓ 符望阁庭院东立面

符望阁在形制、尺度上，几乎是建福宫花园延春阁的翻版：平面四方五间，明二实三，四角攒尖。唯檐、脊及剪边的琉璃饰件由蓝色改作乾隆盛期的绛紫色，宝顶做明黄，琉璃烧制工艺较乾隆初期大进一步。清代中期琉璃烧制技术较前期大有提高，被誉为琉璃极品的绛紫色琉璃制作手法的最终成熟。这一突破使得紫禁城建筑装饰面貌为之一新。尤其是花园建筑装饰在原有的明黄（帝权）、宝蓝（上天）、绿（园林）的基础上增添了更富于装饰性的绛红、紫、翠等多色琉璃新品。内廷园林装饰色彩显得更加琳琅满目，美不胜收。符望阁也是乾嘉时代皇帝受厘、赏宴之地。三层高阁耸立于宁寿宫各宫殿宇之上，可一览禁城内外。乾隆御题，“绿树岩前疏复密，白云窗外舒还卷，清风明月含无尽，近景遐观揽莫遗”，表明有此一高阁藉以瞭望，便可兼收宫内外的美景，此第四庭院亦可得幽旷二妙。所谓居幽才能畅达，揽外方可抒怀。乾隆用屏山、高阁彻底突破了宫禁高墙的限制，做到了明月直入，清风无尽的文人园林境界。

从碧螺亭鸟瞰前三院 →

宁寿宫中轴并不是一直线，第四院自萃赏楼开始，中轴东移3米，形成前三院与四院相错开的两条轴线。这种变化并非刻意为之，第四院中轴东移，主要是为巨大的符望阁挪开空间。但设计高明之处在于，通过一系列建筑和假山的相互遮掩，弱化了建筑轴线。从萃赏楼北廊入第四院，无论是从山顶小桥上跨，还是在廊下经山洞入园，或是沿着二层廊道围绕花园，都需要经过多次转折，方能到达符望阁前庭。途中没有一处可以觉察到园林的中轴所在，因而“四个庭院前后对正”的感受丝毫不受影响。唯有在符望阁顶上眺望，才能发现轴线的巨大变化。

由符望閣上俯望乾隆花園

2013.3.

由假山北望符望阁 →

符望阁假山或为乾隆五年建福宫大假山的精致版本，其规模略小于前者，但其山屏布局，上台下洞等结构与前者几乎完全一样。据《国朝宫史》记载，"（延春）阁前叠石为山，岩洞蹬道，幽邃曲折，间以古木丛篁，……，山上结亭曰积翠，山左右有奇石，西曰飞来峰，东曰玉玲珑。"乾隆撰联称之，"地学蓬壶心自远，身依泉石性偏幽"。依今之符望阁假山观之，左右灵石犹在，洞窟依旧宛延，山亭与主阁的映衬关系，尺度皆与当年的积翠亭、延春阁别无二致，但工巧则倍于当年的建福宫假山。

5.1 符望阁

符望阁为宁寿宫花园第四进主体建筑，位于花园轴线序列北端。符望之名与遂初实同一含义，出自乾四十一年《符望阁诗》：其诚符我望，惟静候天恩。意即诚心敬意地希望天随人愿，“以待天庥”。符望阁建于乾隆三十七年，为最早竣工的一批主体建筑，形式仿建福宫花园延春阁，所谓“层阁延春肖，题楣意有存”（乾隆《题符望阁》），符望阁在形制上模仿建福宫花园的延春阁。平面呈方形，明二暗三，四角攒尖顶，黄色琉璃瓦铺面，蓝紫色琉璃剪边。内部装修及其精致繁复，号称“迷楼”。

由于符望阁体量巨大，对整个宁寿宫花园空间都起到控制性作用，登楼北望皇家西苑三海，市井盛况列列在目，“居中揽外襟怀畅，系毂摩肩职植殷”①；南望则紫禁城全貌净收眼底，“清风明月含无尽，近景遐观揽莫遗”。表明这是一座兼具看与被看两方面功能的建筑，使观者视线得以突破高大的宫墙限制，同时也在花园内创造了一处可以与宁寿宫中区和东区高大建筑等量齐观的楼阁，也使符望阁区域成为向宁寿宫生活区过渡的重要区域。

① 系毂摩肩职植殷，表示市井人行，车马川流不息，百业兴旺，四海升平——君王之念。

符望阁庭院鸟瞰 ↓

符望阁↑

↓ 符望阁假山整体鸟瞰

俯临常似披图画，得契宛堪悦性灵。
居中揽外襟怀畅，系毂摩肩职植殷。
绿树岩前疏复密，白云窗外卷还舒。
清风明月含无尽，近景遐观揽莫遗。
云卧天窥无不可，风清月白致多佳。
——乾隆御题《符望阁》

↑ 符望阁建筑细节——黄、紫、绛、翠四色琉璃装饰的屋顶

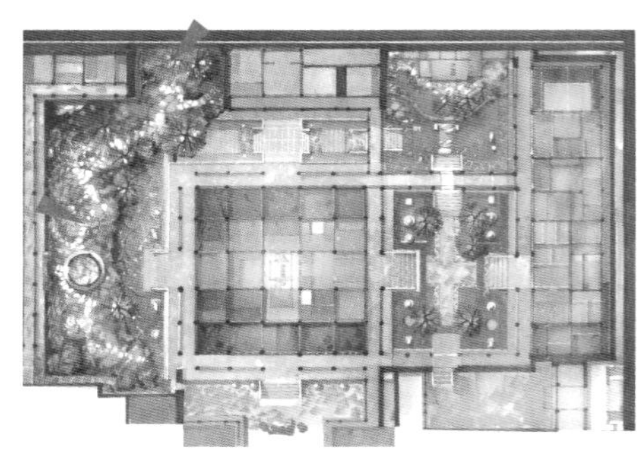

符望阁南立面↑

↑ 符望阁檐下

院内古柏虬枝，树影婆娑，尤其在午后斜阳之下，“颐养谢尘喧”的造园意图显得尤为突出。院中，翠屏青山点碧螺（亭）；阁内，迷楼紫翠画通灵。一内一外，一喧一寂，“大隐”、“富贵而隐”的情怀被衬托得分外浓郁。乾隆四十年《林下戏题》御制诗表达，他对安享林泉之乐、息肩倦勤生活的向往：“偶来林下坐，嘉荫实清便，乐彼艰偻指，如予未息肩……拟号个中者，还当二十年。”诗中，乾隆将自己比作一介文人，将倦勤退养（养和）比作致仕还乡，甚至还日日掐指计算到自己年届六十可以归政倦勤的美好时刻，大有陶渊明那种“羁鸟恋旧林，池鱼思故渊”的急切。那份夕阳林下，归去来兮的闲适心境，竟也能被幻化在这宫禁深处的满山玲珑和林木葱郁之间。

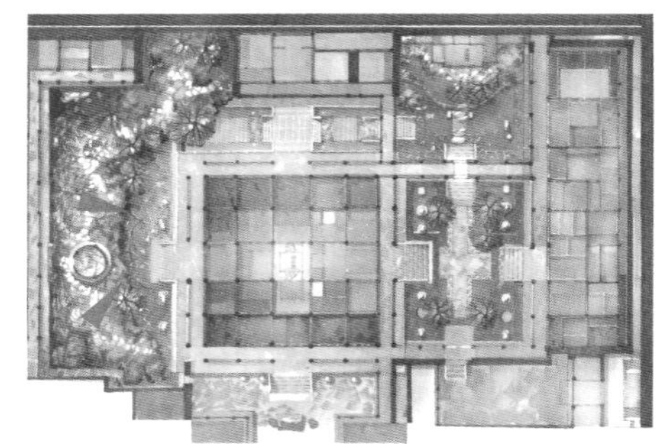

符望阁庭院↑

东北视图　　正南视图

正北视图

正东视图

符望阁廊下供石 ↑→

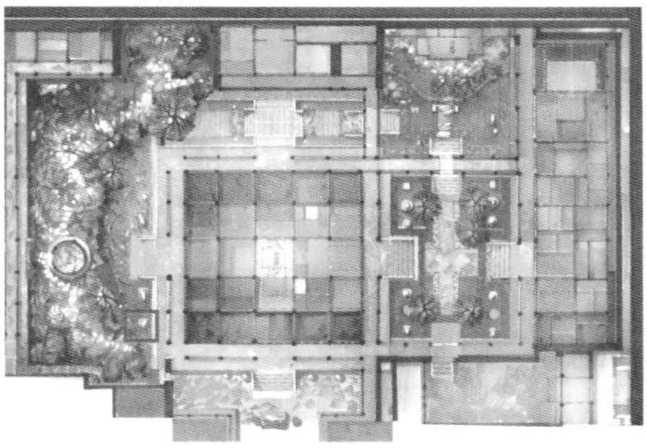

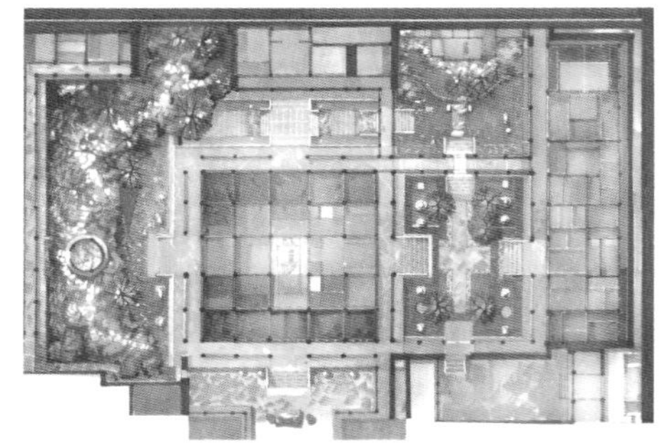

← 符望阁廊下供石

符望阁檐下 ↓

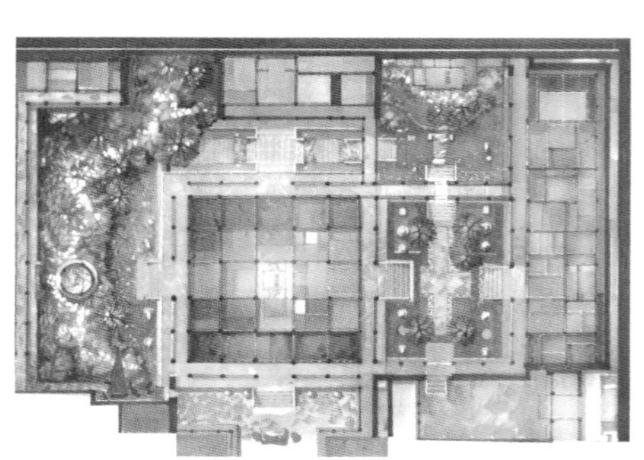

↑ 假山与庭院植物

四院庭院无花木，唯有常绿的松柏掩映如雪的山石。观乾嘉两代，皇帝多于冬月、正月来此息游、赐宴，园中冬日，植物首在常绿树配置，很少花木点缀，庭院装饰主要依靠建筑琉璃和檐下彩画形成丰富的视觉变化。宁寿宫花园除古华轩一院的大楸树外，几乎没有其他春花、阔叶之类植物，唯以古柏映衬假山造景，这当于帝王的特殊游息和利用方式有关。唯一例外是，乾隆爱梅，故终乾隆一朝，多以温室培植梅花，在冬日摆到庭院中应时，时称“殿里梅”、“盆梅”等。前三院亦曾栽植极少量的露地梅花和露地竹，近代以来疏于管理，未有能成活至今者。

5.2 大假山

在布局上，符望阁假山与建福宫延春阁前的大假山布局颇为类似，都是在主体建筑前屏列假山一道，在假山东西两侧设置对称的蹬道，假山中穿山洞，山腰设平台，形成上台下洞，面朝主楼的样式。据《国朝宫史》，“延春阁前叠石为山，岩洞磴道，幽邃曲折，间以古木丛篁，饶有林岚佳致。”此外，于敏中《日下旧闻考》卷16，也对建福宫花园假山有简略记载，似为乾隆时代叠山的惯用模式。

大假山位于萃赏楼和符望阁前庭之间，与三院一样是小院大山结构，整体意象以满为主。不过，与三院假山相比，符望阁前的这座大假山形式上更类似于屏山，其整体走势始于院落最东端，向西绕过养和精舍，直抵玉粹轩北宫墙之下。假山呈半月状起伏蜿蜒于庭院建筑之间，从东南两面环绕体量硕大的符望阁，大假山主立面朝向符望阁，背面紧靠萃赏楼和曲尺形的养和精舍，在西南两侧距离最窄处，叠成一峰突起的峭壁山，山巅架飞梁与萃赏楼二层相连。而在面对符望阁一侧保留相对宽敞的空间。造园师巧妙地利用蹬道、山洞和建筑廊下的飞梁，形成山上山下相互交错的立体交通网络。宁寿宫花园的屏山不仅以峭壁夹峙衬托山道之险，还配以洞曲和涧谷相连，形成蜿蜒曲折、虚实交替的复杂空间感受。萃赏楼院落前的假山，用屏山背面的悬崖与萃赏楼夹峙，形成宽仅1米左右的通道，又在假山与楼阁之间架以石板小桥，凌空飞渡，直达萃赏楼二层。而楼阁与假山的间隙则无异于深山大壑的意象。用假山和楼阁组合布局，形成既分又联的空间，取得了数米之山，万丈之势的艺术效果。前后两层山谷，联以洞隧，以虚“山腹”，使主山邑厚却不臃肿，同样是外实内虚的经典手法。

假山路径的巧妙设置不仅极大丰富了游览路线，也是加强庭院空间对比，渲染空间表情的重要手段。四进院落假山的路径设计就充分考虑了假山路径与建筑空间的转换关系，在假山西、南两面均架设飞梁，分别连接假山和云光楼、萃赏楼的二层，形成由假山山径、蹬道、飞梁山洞和建筑廊道之间相互联络的立体交通系统。假山在蹬道、石洞、飞梁以及亭台设置等

方面考虑到了从建筑和庭院两方面的游山路径，大量使用了限制视距、以近求高手法，使数米之高的假山在不同的视角展现出迥乎不同的面貌。从庭前蹬道入假山，依山崖、穿峡谷，则见崖壁森峙而上；登山顶，凌空架飞虹小桥，人行其上，得其险；从建筑沿廊下绕山而行，身边危崖拔地峥嵘，如临大壑深渊之底，得其幽；折入洞穴，则迂回宛转，似塞又通，如穿岩径水，则有招云漏月之感；沿蹬道上下，则山路崎岖，满园景色，尽收眼底。选择不同的路径，所得到的空间感觉也大不一样。

大假山南侧景观 →

萃赏楼后出白石小桥，从山巅飞渡山顶，直达碧螺亭。此一小小设置，轻巧灵动，将屏山和全院的道路分作上下两层，使人可于廊下观山、桥上观岩，山道回转之间更是令山形面面可观，步步变幻。桥下正对山洞入口，洞作隧道式，蜿蜒数十米，形成虚实交错的山中游线，假山于中腹峭壁间留有多个采光孔，不仅为采光通风，亦可借此从洞内向外看，幽孔凿光，玲珑透漏，人行洞中，大有穿岩泾水步入瀛壶之感。

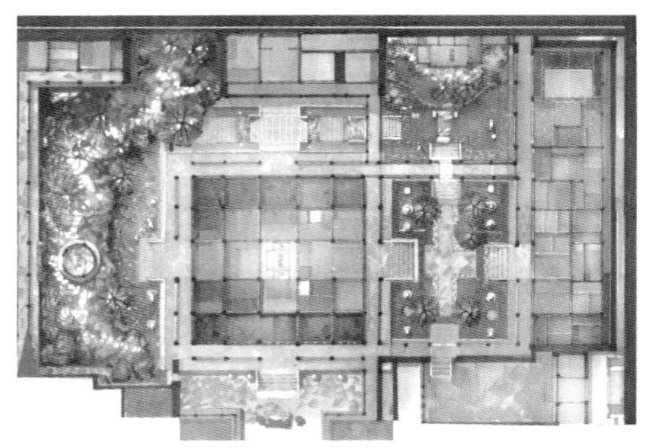

碧螺春.
2013.3.8.

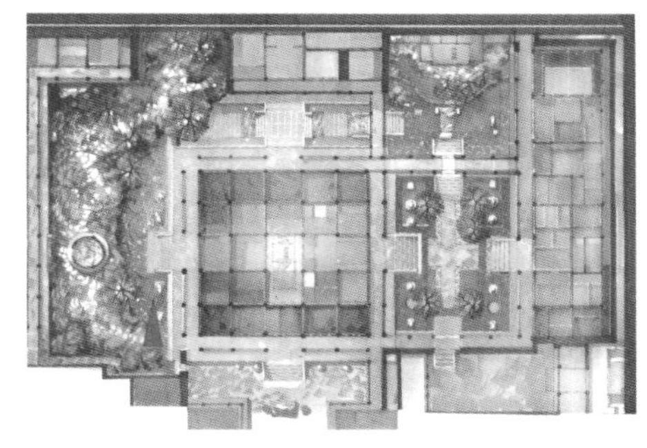

←符望阁南廊下前庭全貌

第四院山石亭廊在整个宁寿宫花园中最富于皇家贵气。在山石布局上破山腹，作环壁以为屏（即计成所谓“似长弯而环壁”的做法），于山体山下设洞孔采光，在假山洞中形成丰富奇异的光影变化，四院假山洞长达 70 米，内部空间如仙人洞府，招云漏月，变幻无穷，虽长而不觉空；百米山径中灵石处处，蹬道宛延，置石留坑种松，弯道兼顾排水，乃至处处都有浓荫夹道；由于排水设计合理，假山在冬日并无冰裂冻胀之虞。若以叠山手法精粗而论，四院大假山堪为中国历代园林工巧之冠。四院假山之精美，还在于布局之巧。山石与建筑密切配合，围绕假山四面的楼阁、廊道、桥梁布置均竭尽变化：庭院由于中轴东偏，使围楼（萃赏楼）有如倒座，其一侧的云光楼到玉粹轩，各建筑高度递减，与尘屏山石高度变化相协调。符望阁庭院之美还在于建筑色彩的丰富变化：其建筑屋顶色彩上紫、绛、蓝、黄、翠五色琉璃并用，符望阁用翠色（非正蓝）琉璃剪明黄；碧螺亭用绛紫色琉璃，分梅花五瓣出山脊，小亭面面相扣，天衣无缝；至养和精舍、玉粹轩、倦勤斋则以绿、黄两色交替剪边，无一雷同，其形式多样到令人目不暇接，却绝无凌乱之感。皆因如此，宁寿宫花园才能既体现出林泉幽胜的自然意象，又能与皇宫禁苑的富贵气一脉相承。

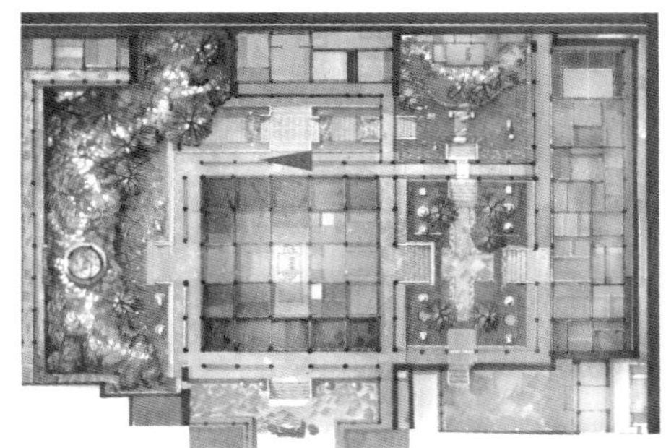

←符望阁西廊虎皮石墙

宁寿宫花园内有多处做工精致的虎皮石墙，此处为最。宁寿宫花园的虎皮石墙，原料采自蓟县盘山。石料首先被切成大小不同的各式形状，再通过精细的配色、打磨、拼合成冰裂图案，再由石作磨缝干摆上墙。其制作工艺极精，石块之间磨边斗缝，严密得竟然插不进一片薄纸。符望阁东西廊下各有一段这样的虎皮石墙，是各院中制作最为精美者。矮墙顶线以绿、翠两色琉璃为银锭纹对花，中间设花瓶门，门楣设汉白玉额。东垣北曰“惬志”、南曰“延虚”，西垣北曰“澄怀”、南曰“挹秀”。全院无梅，但冰梅意象却处处可见，廊窗、台座，坎墙乃至地面皆以冰裂为纹，恰如计成所云，“破方砖留大用，绕梅花磨斗，冰裂纷纭”。其工艺之美与园林意境达到完美融合。

5.3 碧螺亭

符望阁前假山有亭，名“碧螺”，为乾隆帝亲笔御题，大体有两方面含义：纪念圣祖，学习江南风格[①]；暗喻“快乐的归政”。碧螺者，春天之意，含义实与“古华”相同。此亭命意大体包含了念祖、思孙遗于后，恰如名茶碧螺春，圣祖赐名，弘历取之。

碧螺亭实质为梅花亭，其平面形似“梅开五瓣”，五柱五脊，蓝色琉璃瓦顶，绛紫色屋脊，蓝底白色冰梅纹宝顶，亭内也都以各种梅花纹加以装饰，其造型和装修都相当别致，在皇家园林中堪称孤例。碧螺亭形式恰如计成《园冶》里所论的梅花亭地图式：“先以石砌成梅花基，立柱於瓣，結頂合簷，亦如梅花也。”唯一不同是，《园冶》所说梅花亭“立柱於瓣”，即落柱于弧顶，而碧螺亭落柱于梅花瓣之间。《园冶》后文十字地图式中又称，諸亭不式，爲梅花、十字，自古未造者云云。

可以说，宁寿宫花园绝无仅有地在皇家宫苑之中，实现了大造园家计成所称之“自古未造”的山亭形式。此外，碧螺亭的内部天花装修也身为别致，原木色剔雕梅花图案，做工手法一院古华轩天花相同。

碧螺亭居于符望阁南院空间的中心，符望阁院落山顶置亭，既是对建福宫假山形制的模仿，同时，这一小亭在庭院布局上也具有十分重要的平衡作用。大假山在西南两面对高大的符望阁形成半包围状态，但假山高度仅及符望阁腰檐，总体山势平缓，碧螺亭落位有利于整个假山构图，丰富了假山庭院的天际线；同时，碧螺亭也是庭院中符望阁和萃赏楼两大主体建筑之间视觉联系的过渡和共同的对景。这两座主楼开间均为五间，东西向宽度均等，方位平行，二楼以上，视线均可跨越假山，形成平直单调的对望，有此一亭，则不仅增加了大假山的起伏变化，也使假山与周边建筑之间建立起更为协调的关系。四院的螺亭和通向萃赏楼的小石桥，均为后期增建，显然是出于全院布局和功能方面的考虑。

---

① 碧螺春茶原名“吓煞人香”，康熙南巡太湖洞庭品其色香俱佳，惟其名不雅，遂为题“碧螺春”，沿用至今。乾隆以此命名符望阁前山亭，显然有纪念皇祖的意味。

↓ 从宁寿宫颐和轩廊下远眺大假山上的碧螺亭

“碧螺”之典源自康熙南巡之际，江南大吏宋荦献茶之事。太湖名茶，原名“赫死人香”（南方土语“吓死人”之意），经康熙点化，改名“碧螺春”，由此名扬天下。乾隆此时已是四下江南，当然谙熟此典，以此命亭，既是感念圣祖，又表达取法江南园林之意。当然，更是以“万绿丛中一青螺”的春意，表达自己对致仕倦勤、园中生活的向往之情。

碧螺亭实际是梅亭，亭分五柱、五脊、五瓣顶，拟梅花五瓣之形，其造型之独特，工艺之精良均属全园唯一。言其工艺精绝全在屋顶，其外形平面粗看如圆亭，实则为五瓣屋盖，出五脊，环环相扣，分毫不差，琉璃制作的精细准确令人叹为观止！（在面积5平方米大小的屋盖上出五条脊攒尖，意味着每一拢琉璃盖瓦均是大小不等的异形构件；每一层都随举折而减小，五瓣中任一层的瓦形大小又必须完全一样；做到此二条就属不易，更不必说外层的绛紫剪边工艺，几乎每一构件，小到琉璃钉头、盖帽都必须单独定制，其工艺之难，超出常人想象！）

由颐和轩前廊下看螺亭

WJ 2013.3

↓ 碧螺亭框景——东望颐和轩

碧螺亭柱间设云石栏杆，做折枝梅花图案，云石雕板亦作五瓣与屋顶相应，上部倒挂楣子外形亦然，作木雕五瓣冰梅纹样式。亭子通体上下玲珑剔透，四望有景。远处假山结顶作灵芝状，喻“寿禧”，乾隆对“春信始和”的愿望在此充分流露。

从碧螺亭看静怡轩↑

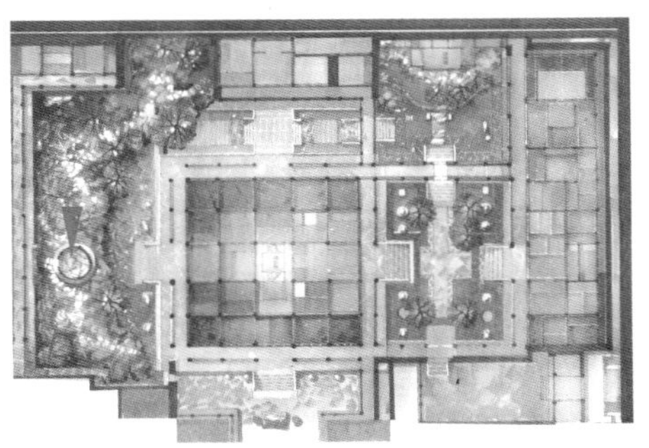

萃赏楼内观
2013. 2.

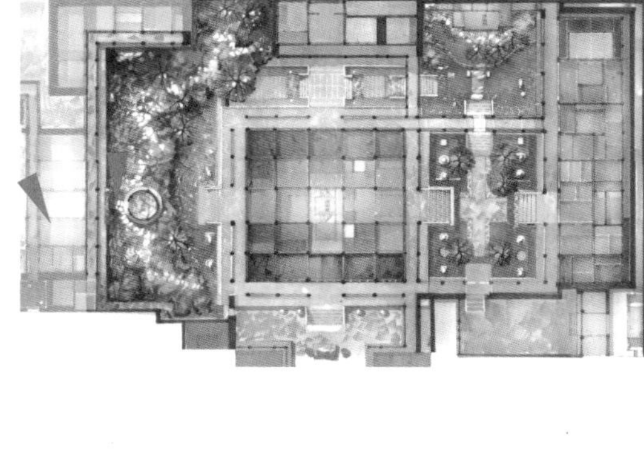

←↓ 从萃赏楼前看假山

萃赏楼檐下赏石 ↓

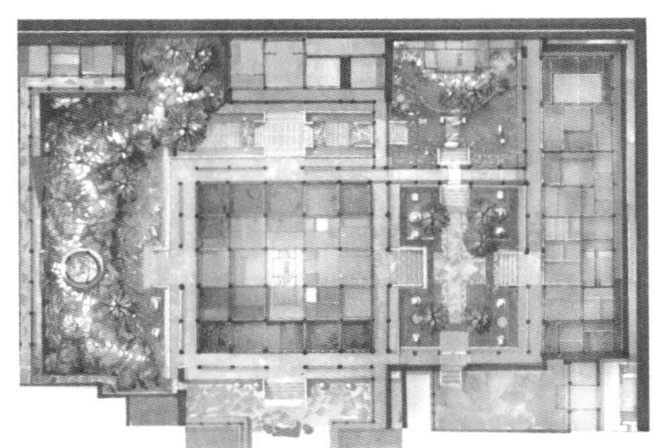

萃赏楼檐下 ↓

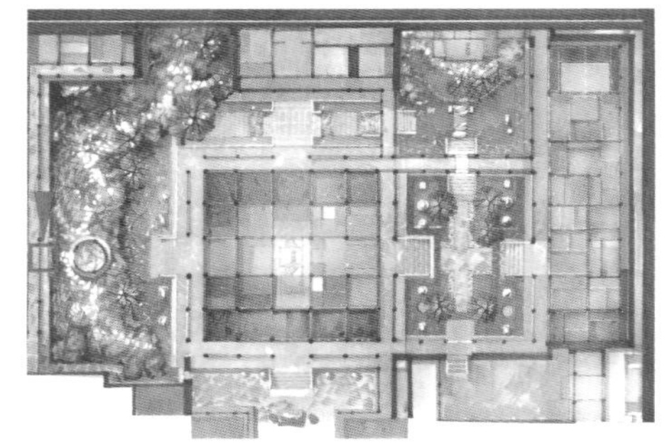

↓ 萃赏楼前玉石墨海

乾隆时代的几处大墨海统计，最大者现置于北海团城，此处一尊背阴，风化小，玉石雕工仍光莹圆润，极珍贵。

↑ 萃赏楼前大玉海

← 碧螺亭琉璃屋盖细节

碧螺亭顶用翠色琉璃屋面，绛紫剪边。其宝顶制作尤精，以翠蓝色琉璃作底，白色冰梅嵌里，又用黄绿两色琉璃，为仰覆莲花座。其下梁枋彩画亦为冰裂梅花，小亭通体上下显得冰清玉洁，不染一尘。

5.4　云光楼

符望阁院落西南角曲尺楼，名“云光楼”，楼内匾额题“养和精舍”。建于乾隆三十七年，形制仿自建福宫花园的“玉壶冰”。上下两层，北侧为歇山顶，东侧为硬山顶。前檐出廊，上层北侧以石桥与院内假山相通，东侧外接上下两层游廊与萃赏楼相接。为宁寿宫花园礼佛之处。乾隆题养和精舍联“四壁图书鉴今古，一庭花木验农桑”，表明此处乾隆时期似有过花木种植。

云光楼细部↓

养和精舍 ↓

四院西南为养和精舍（亦称云光楼），自南向北又折向东，形成曲尺形外观，由两层游廊与萃赏楼相连，其形制南为歇山，东侧作硬山墙与萃赏楼屋面形成主次之别，视觉上又形如萃赏楼的西厢，布局上极富变化。养和精舍地处深林大谷之后，与登山路径相对，是山林意境最浓郁的一区。乾隆颜其额曰“养和”，其意一谓向佛，一谓祈福天下，其联曰：一龛古佛钟鱼寂，半榻天风衣袂寒（其东厢为佛堂）。四壁图书鉴今古，一庭花木验农桑。精舍内东间设四季通景贴落（王幼学绘制）正是表现了乾隆由个人祈愿长寿、多子多福，到惠及天下、“大德曰生”的仁者观念的解说。“养和”之义充分反映了乾隆力图把儒家仁学与西方极乐世界的修持结合起来的思想。天心即“仁”心，最大的修为莫过于养和优游，以天心之仁，达到万物至纯，达到惠仁于天下，祈福于“亿万人”的目标。所谓“亿万人增亿万寿，泰平岁值泰平春”（玉粹轩联），“筹添南极应无算，亿万人增亿万年”（《乾隆八旬万寿盛典》），推己及人，使普天之下，万民长乐，万民增寿，这便是乾隆真正的“养和”与“极乐”。

↑从养和精舍看玉粹轩北山墙

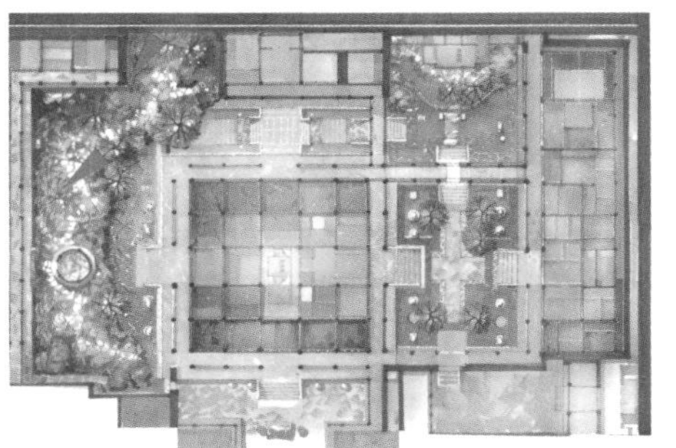

5.5 玉粹轩

符望阁往西，绕过精美的花斑石墙，沿西宫墙有一三间卷棚，就是玉粹轩。宁寿宫花园玉粹轩为仿建福宫花园凝晖堂而建，轩南有小门与符望阁南院相通，与云光楼上下相望，有蹬道可达大假山山顶，沿途处处框景，得曲径通幽之境；小轩往北为最后一区竹香馆——倦勤斋，轩内有通道，直达竹香馆二层。其布局形式与建福宫花园凝晖堂至碧琳馆一线布局完全相同。

根据乾隆的诗词，此玉粹轩功能为佛堂和书斋，礼佛、阅经、翰墨数事而已，在乾隆这里几乎很难区分。其南室曰“得闲”，为乾隆书斋，题有“甄性神明境，陶情翰墨筵”。北室“佛尘”题曰“禽音仍唱迦陵偈，花色全标幻海禅”。玉粹轩以其明间的通景画闻名，据相关档案记载，此通景画为郎世宁弟子王幼学所绘，描绘了后宫的王子与后妃的生活，寓意为子孙满堂，暗喻归政后，乾隆家庭幸福，王朝帝祚永延。而这种子孙满堂的景象最终指涉的还是宁寿宫所强调的长寿主题。画中有乾隆御题“亿万人增亿万寿，泰平岁值泰平春”，表明帝王之万寿来源于万民之长寿（宁寿），皇家的泰平岁月来源于天下的康宁吉祥。乾隆在画中的御题道出了他所谓“寿同黔黎”，将自身的长寿推及天下，祈愿天下万民都拥有这样的长寿乃至天下吉祥太平这样的美好祝愿，也点出了宁寿宫花园最重要的主题①。

玉粹轩外围层多种有竹，乾隆《玉粹轩》诗有“竹翠常摇籁，墙高因避风”之句，说明这里也和北面一墙之隔的竹香馆一样，曾经是松（即柏树）竹常茂，竹影纷披。现玉粹轩园林只余古柏，竹丛不存。

---

① 乾隆《宁寿宫铭》说明了宁寿宫的建筑主题是期盼长寿，并推己及人，汇集天下：

宁咸万国，寿先五福……敬思仁皇，卜号康熙。六十一载，今古诚稀。同以为艰，敢期过益。况值耄耋，归政理得。遹新是宫，以待天 庥。企予望之，愿可如不？——宁寿宫的缘由

斟酌损益，匪曰侈图。殿称皇极，重檐建前。宫仍其旧，为后 室焉——宁寿宫的风格

朔吉修祀，宁寿斯踵。虽谢万几，宁期九畿。始予一人，寿同黔黎——宁寿宫的思想主题

↑从侧院南入口看与玉粹轩

↑ 从玉粹轩看符望阁大假山

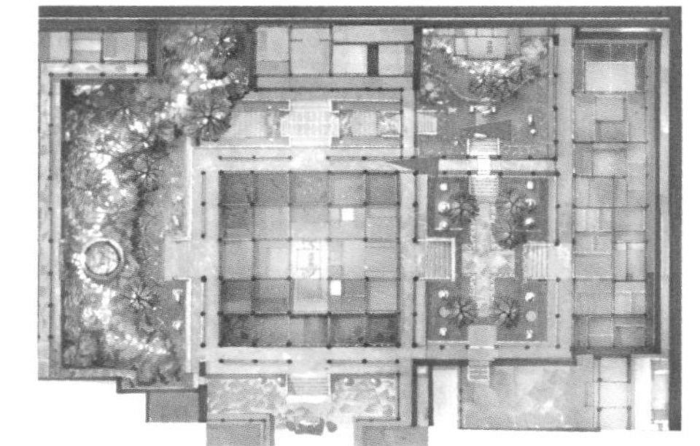

玉粹轩庭院 →

符望阁以西，为单独一院，西倚宫墙，东南过虎皮石墙垣与符望阁南庭相连。其制东面出廊，南面硬山，形式全仿建福宫凝晖堂；南廊之下设小路，可直上假山。

从竹香馆看玉粹轩 →

竹香馆入口南望 2013.3.

玉粹轩北山墙细节↑

← 玉粹轩建筑细节

5.6 竹香馆

玉粹轩往南为竹香馆小院，上下两层，卷棚三间，两侧各设一耳室，外接斜廊分别通向北侧的倦勤斋和南侧玉粹轩。宁寿宫花园竹香馆为仿建福宫碧琳馆而建。据乾隆《御制碧琳馆》，"叠石为假山，植桧称温树。咫尺兰间，缥缈蓬壶趣。雕绘讵足尚，澹泊素所慕。可以贮琴书，遐心期古遇。"碧琳馆是以叠山为特色的书房院，其功能在于贮琴书、调翰墨，怡情养性之所在。竹香馆小院主题功能皆与此类似，惟更多一层寒香清幽的冷艳意味。

小院面东设弓形墙垣一道，上开琉璃漏窗，下穿花斑石裙带，正中开八方洞门一座，门内设太湖石特置一尊，尺度极为小巧宜人，门额"映寒碧"御题，暗喻月宫广寒。据孟兆祯先生回忆，早年竹香馆门内额题之下，曾有月兔形湖石特置一尊，与广寒主题相得益彰，月兔石今已不存。

竹香馆景观主题为竹，根据乾隆御题《竹香馆》："竹本宜园亭，非所云宫禁。不可无此意，数竿植嘉荫。诘曲诡石间，取疏弗取甚。"（《高宗御制诗三集》卷九）这里原是疏竹数竿、湖石玲珑之景象，最大限度地再现了江南园林竹石相映的秀婉气质。

北方气候条件下园林种竹尤难，对养护要求极高，否则会自然退化。然乾隆宫苑中种竹之处颇多，禊赏亭"有石巉岩有竹攒"、玉粹轩"竹翠常摇籁"、竹香馆'数竿植嘉荫'，竹景几乎俯拾皆是，这当与乾隆皇帝的爱竹情节有关。乾隆皇帝有诗云："北地虽云艰种竹，条风拂亦度筠香。漫訾兴在淇澳矣，人是高闲料不妨。"虽然北方宫苑种竹艰难，但为了能生在淇澳之间，即使再难，成本再高，乾隆朝的宫苑始终不废种竹之习。根据《钦定总管内务府现行则例》："宫内宁寿宫等处补种花、树、竹子，由南花园办理。"[①]而竹子的维护、补种等事宜由奉宸苑办理。可见，乾隆时代宫苑种竹是靠常年不间断的静心维护和不断补种来保持这种"翠筠满小延，静香送窗内"

---

① 许埜屏《乾隆花园的植物配置》。

的景象。现存乾隆古华轩、竹香馆以及延趣楼等处的竹子，全是 20 世纪 50 年代栽种的。

竹香馆之香还包括梅香。小院以映寒碧为命意，比拟月宫广寒，乾隆《御题竹香馆》联曰，“流水今日，明月前身。”似以明月之皎洁，暗喻倦勤者心境的宁静洗练，冰清玉洁。其空间意象本就偏于冷艳清新，加之乾隆爱梅，所以独不可少此一段梅香。而事实上，历史上的竹香馆小院松竹梅皆有种植。嘉庆皇帝曾有“长松密荫敷，玉梅冷艳配”之句，说明当年竹香馆小庭翠竹摇曳，寒梅吐艳，琉璃漏窗映出点点松荫的景观意向。今天小院松竹犹存，梅香不再，亦似美中不足。

竹香馆另一特色是小院叠山之美。竹香馆的建筑功能是书房，为背倚宫墙的上下两层建筑，其楼上有暗廊直达倦勤斋和玉粹轩。其下的假山也就是书房山，暗喻此馆乃山中书屋，乾隆所谓“松云清栋牖，书契洽嫏嬛”（嫏嬛者，书房也）小院叠山的目的就在于模仿文人山居的书房意象，所以叠山便是一院景观成果的关键。设计者巧妙地运用湖石叠山，将小楼一层包裹于山石之中，让假山的高度正好切着建筑腰檐（与延趣楼的楼山关系一样），檐下只留几个假山空洞用以采光，外形如山石框景，别具一番情趣。从外面看，竹香馆立于似乎假山之上，尺度小巧，玲珑欲飞。小山之下，用土中错石之法，把假山做得石骨嶙峋，忽隐忽现，空间虽小，却是山林意境十足。耳房两侧的扒山廊与假山的结合也非常巧妙，南角以余脉伸出一直延续到琉璃南墙之下，余脉一侧留有山洞，竹香馆一层的入口便掩藏于洞内，假山与建筑结合得了无痕迹。此外，在琉璃墙外侧还特别用湖石散堆一组假山，似乎是从院中余脉生出的小山，这样既挡住了外院墙和建筑廊道的交角，又用假山将内外院结合成一个整体。所谓“石径玲珑接曲廊，几枝修竹静含香”说的就是这种山楼相依，融为一体的景象。

↑ 映寒碧八角门

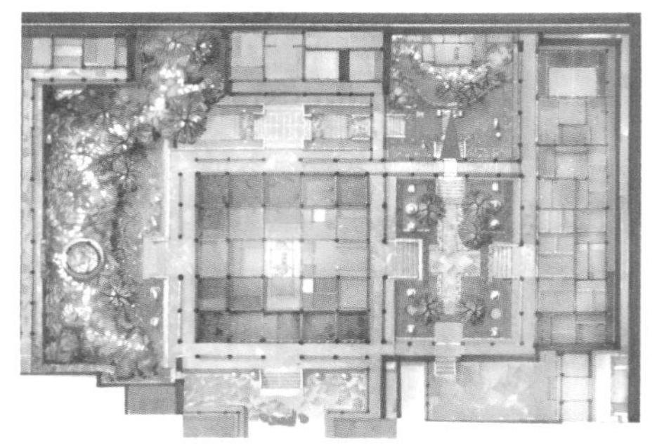

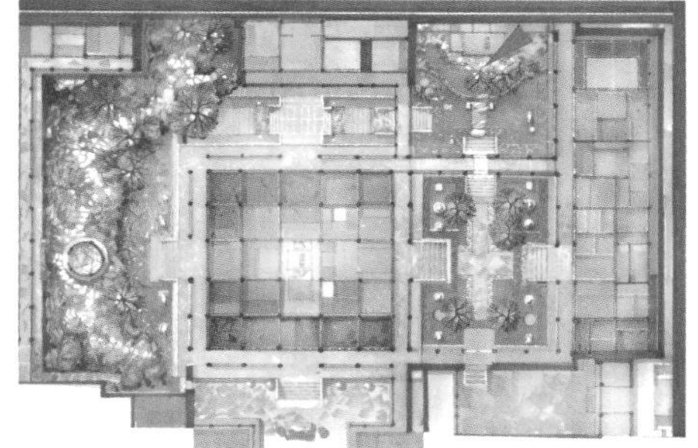

由竹香馆看符望阁 →

符望阁以北为宁寿宫花园最后一院，空间与符望阁及西、南两院相对（故亦有称宁寿宫花园为五进院落者）。符望阁北院按东西方向亦可细分为东、中、西三个小院。西侧院一院假山，风景极幽深，假山之上出斜廊，中间建小巧山馆，曰“竹香”。山馆左右各设爬山廊，北连倦勤斋，南达玉粹轩。前庭以弓形矮墙与中院分开，正中辟八方门洞，左右多设绿色琉璃窗洞。八角门头刻“映寒碧”三字，门内叠山栽竹种松（小院原有露地竹丛，今不存，宜补）。庭院正对入口设特置石座，上安太湖石供，形如灵芝仙掌，上大下小，有飘逸之姿。

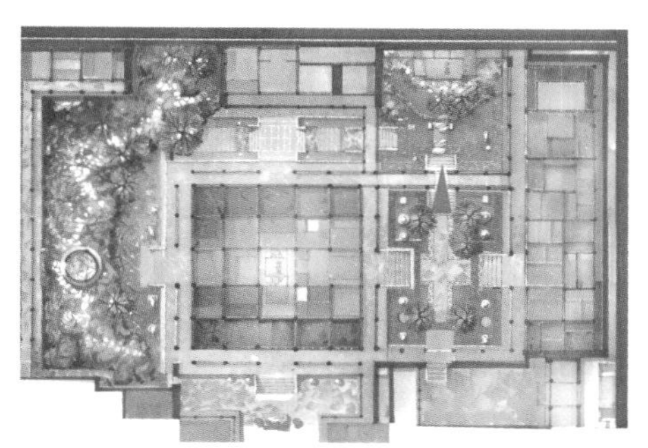

← 竹香馆正立面

竹香馆小院为典型的山亭院落，背倚宫墙，建筑上下两层，南北各出耳楼，再接扒山廊，样式组合极灵动。馆外聚石为山，将山馆下层完全围合，只在山石之间留下窗洞，形如假山之洞口。虽实为两层小楼，但由外观之，则更像立于假山之上的亭廊。假山背面设洞穴，安户牖，形如仙人府邸。乾隆御题“松云清栋牖、书契恰嫏嬛”，表明这是一处优雅静僻的书房山馆。究嫏嬛之本意，包含了仙人洞府和富藏诗书两层含义，而以松荫、修篁造境，则在造景、命景两方面均表达出祈愿后代兴旺，帝祚永延的美好愿望。

竹香馆外院→

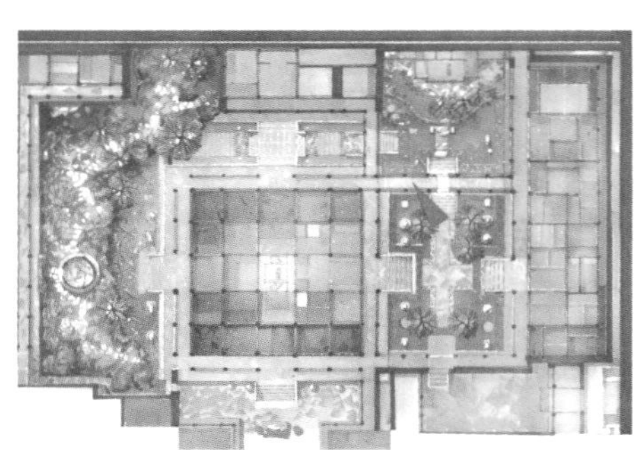

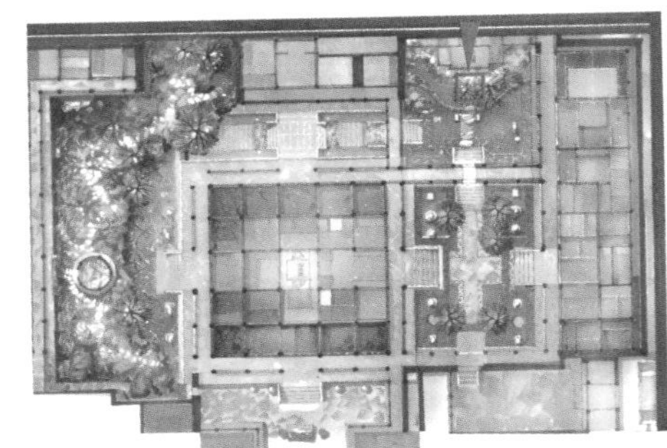

竹香馆赏石 ↓→

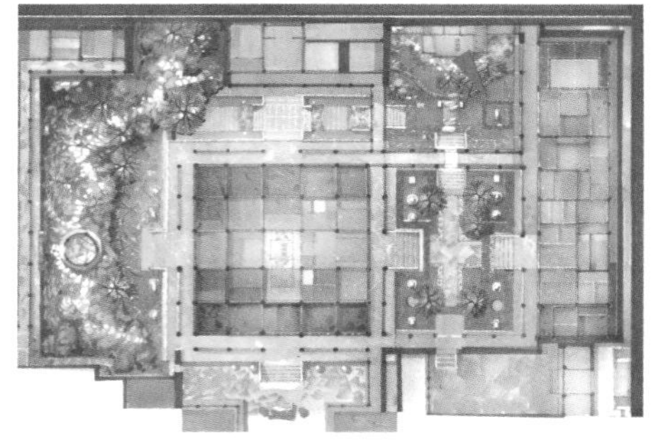

↑ 竹香馆外院英石赏石

5.7 倦勤斋后院

倦勤斋，顾名思义就是倦于勤务、倦于朝政之意，是乾隆皇帝为自己执政60年退位后“颐养天年”而预建。乾隆皇帝继位之初就曾表示，如果在位60年，就会将皇位“内禅”给儿子，“至乾隆六十年乙卯，予寿跻八十有五，即当传位皇子，归政退闲”，自己则“宁息养神，平和养生”，“娱老非关政，沃心那废书”，专心做太上皇。“倦勤”语出《尚书·大禹模》：朕宅帝位三十有三载，耄期倦于勤。意指舜因年老不胜政事之辛劳，让位给禹。乾隆以倦勤作为斋名，实质是将自己的归政视为像大禹那样的“倦勤”，老而勤于政事，年老不胜政事之劳，于是归政。所谓“耄期未逮称倦勤，敢与重华拟比肩”。倦勤为遂初之愿，勤政为天下宁寿——以此举勤政。实际上乾隆皇帝将自己标榜成舜一样伟大的帝王，希望自己能够营造一个唐尧盛世时代。

倦勤斋为仿建福宫敬胜样式。倦勤斋位于宁寿宫花园最北端，符望阁后，北倚宫墙。清乾隆三十七年（1772年）仿建福宫花园中的敬胜斋而建，根据乾隆四十一年御题《倦勤斋》：“敬胜依前式，倦勤卜后居。”倦勤斋座北朝南，面阔九间，卷棚硬山顶，覆绿琉璃瓦，黄琉璃瓦剪边。前出廊，檐下绘苏式彩画。东五间与符望阁相对，东西各接游廊，分别与符望阁东西廊相接，房廊相对，构成一个封闭的院落，西四间与竹香馆相邻，形成一座院中套院的幽静庭院。“春秋富佳日，松竹葆长年。当春莲带水，坐久蕙烟微，动趣都涵澹，静机常觉宁，经书趣有永，翰墨乐无穷，信可超绘事，于焉悦性灵。”乾隆《题倦勤斋》很好地描述了这种息心养性、与风月为伍、以松竹为友的环境特色。

↑倦勤斋

倦勤斋从它诞生的那一刻，似乎就注定了它的宿命：虽身为宝库，却貌似仓库。因外表朴素，而不为人所重。这座宝库曾经历200年风雨磨难，其间漏雨水渍、闭塞霉变、虫蛀鼠害等层层侵蚀，几乎将之化为齑粉。不仅如此，自2006年倦勤斋大修完毕至今，又逾十年，它依旧循着养在深闺不肯示人的宿命。或许新一轮的霉变、虫蛀、侵蚀已然又在这黯淡的宝库中重新滋生起来。想到这里，我们似乎再次想起了那个久远的话题：这座竭天下珍产、举万般工巧而建成的宝库，何时才能真正走向全社会无差别使用的正轨？这座凝聚了乾隆皇帝毕生梦想的梦中花园何日可以揭开全部的面纱，让所有爱它的人都能一睹其芳容呢？

倦勤斋入口 →

东立面正对符望阁楼下，是宁寿宫花园中轴的最后一座建筑，算是整个花园的后罩房，乾隆称之“耄期致勤倦，颐养谢尘喧”之地，也是与前院遂初相呼应的收尾之作。其外观其实极朴素，已至近代以来一直不为人所知。数十年来一直被作为故宫的库房，常年锁闭，无人问津，直至90年代郎世宁所作天顶画被偶然发现。人们几乎一夜之间，发现了一座中国古代建筑内装修的宝库。其东五间为密室、宝座，西四间设戏台、仙楼，专供娱乐消遣。竹木雕刻、髹饰、刺绣、竹丝嵌、镶玉绣、通景线法画等等，江南、西洋的精工巧作，一一登场，大抵是把乾隆下江南所醉心的苏杭定制、江浙巧作都搬来深宫，让百工千巧都在这里大大演绎了一番。乾隆在此创造了中国园林建筑装饰的奢侈之最。这座本来拟定的书斋，珍藏了弘历喜爱的大量书画文玩，实则已然是一座完全量身订做的皇帝的私人会所。虽曰“图书插架古誉芳，聊待他年娱倦勤”，但不仅乾隆本人，即使后世的嘉庆、道光诸帝也从不以此为书斋，只是年年来此游息赏玩，其内部陈设几乎一直保持了乾隆时代的奢侈风尚。

倦勤斋一角.（由景祺阁小院西望）

2013.3

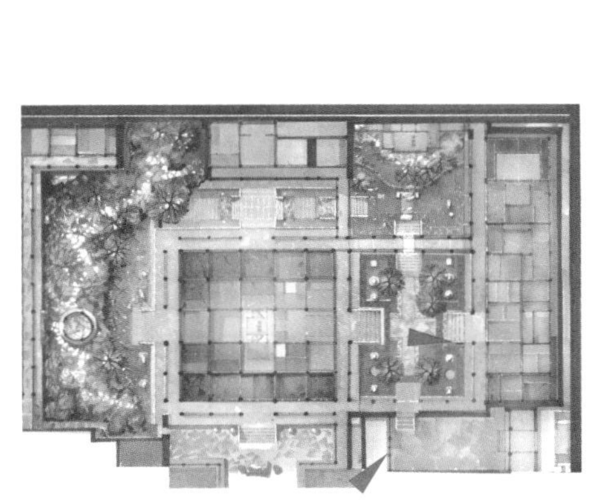

↑ 从倦勤斋前院看紫禁城西北角楼

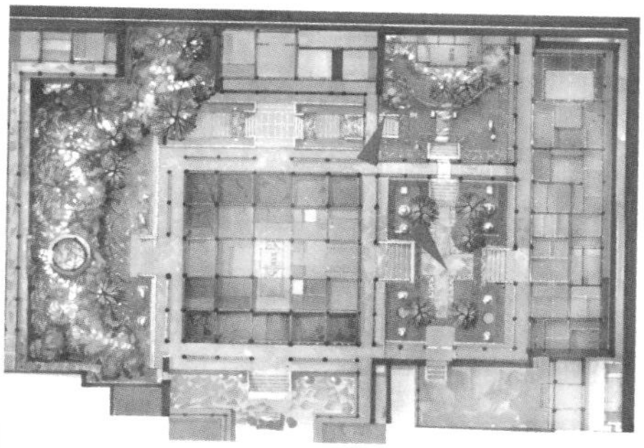

↓ 倦勤斋西廊

符望阁東院 北太湖石赏石.
（東望颐和轩）
2013.3.

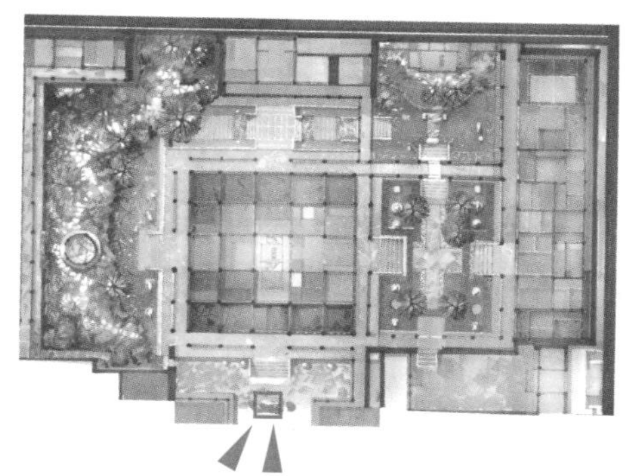

←↓符望阁北院廊下北太湖石供石

↑ 从倦勤斋前院看乾隆寝宫后罩楼景祺阁

后　记

故宫宁寿宫花园真正进入大众视野，为人所关注，不过是近些年的事情。从老布什夫妇踏进这座花园的那一刻，这座深藏在宫禁之中三个世纪之久的花园，一夜之间享誉世界。就像那在新中国一直被用作库房的倦勤斋一样，最精美的东西似乎总是在最后一刻才为人所知，它的神秘性也在这一刻被放大到极致——宁寿宫花园在今天所受到的关注，充分证明了中国古建园林保护中的这一基本规律。

与故宫前朝三大殿那种轰轰烈烈的大修景象形成对比的是，这座由美国的相关基金会资助的小花园修缮工作，似乎一直是在悄无声息之中进行，而作者对于这座花园的探访也一直伴随着这种悄无声息的修复工作同步进行着。从最初进入花园，眼前一派古色古香而又略显破败毁圮的沧桑感，到一座座建筑通过整修焕然一新之后的失落乃至失望，前后对比如此强烈。目之所及，犹未能欣欣然而首肯之。就作者的感受而言，很多维持了数百年的古老建筑在保持历史信息、传达文化的厚重感方面，似乎更应该得到认可。所以，作者特意绘制了几幅大修之前的写生稿，以便留下一个历史时空中更具真实性的皇家花园写照。

所幸的是，花园的假山和老树不需要整修，古老的假山、松柏在与建筑的新旧对比中，仍然能传递出那份历史的厚重。为花园进行全面的三维扫描测绘，据说是为了保存这座历史花园的全部空间信息——这种研究方法在科学方面的准确性是毋庸置疑的——然而，花园的艺术性、历史赋予的各种信息的叠加与复杂性，却是三维数据无论如何表达不了的。同样，即使

用最富有艺术精神的画笔，也未必能全然表达出这种多重历史的复杂性。但毕竟有胜于无，就像明清的许多花园被古人用木刻、版画和水墨的形式予以写照，它所传达的精神却远胜于无表情、无主观的摄影资料，所以才有了作者的这次尝试——从三年来的实地考察和写生中，从四万张照片中选取二百个典型空间，表达出花园的岁月沧桑、表达出园主人的志趣爱好。这一系列的尝试与身处花园中的真实感受相比，虽然百不足一，但就作者对历史文献的翻检批阅来看，乾隆对花园大量的修改工作恰恰都是围绕这些看似无足轻重的细节展开的。

改园更比造园难。古人的这句至理名言在这座小园里表现的最为明显。今天，我们有幸保有这座园林，有幸养护和欣赏这座园林，需要具有等量齐观的能力和眼光，需要用相似的历史语境去揣摩眼前的景色，方能有所心得。中国当代的新古典主义造园中，对于现存古典花园的学习和模仿也应该本着同样的语境和心态。“大道归愚途，汲古得修绠”，韩愈的这句至理名言对于今人溯古，并创造称得上精美的花园，应该是有所启迪的。离开修绠，我们根本不足以了解乾隆、了解这座占地仅仅 0.6 公顷的花园；离开归愚，我们便失去了以平等谦虚的心态面对古人的那份执着。作者用三年时间、数百次尝试完成的对这座小花园的文化历史概论和景观的表达，虽算不上修绠汲古，但一定是本着归愚的精神，从一点一滴从零做起的。此前作者对博士论文中有关宁寿宫花园的相关讨论也曾颇为满意，但以今日的眼光看待曾经的所获，不过是冰山一角、管中窥豹。今日的研究相比于博大精深的宁寿宫花园，也不啻只是一个小小的开端，他年视之，不知又会作何感想。但无论如何，作为对乾隆时代气势恢宏的伟大造园历史的一次有益的追问和探访，书中的点滴收获与感悟若能作为新的更深入的研究和探索的基础，则将是本书研究的最大收获所在。

2015 年 12 月